常备菜

花更少的时间，吃得更好

5 大种类 **68** 种常备菜创意

上班族也能天天在家吃饭

中国民族摄影艺术出版社

生活&常备菜

从去年的年初起，我开始制作常备菜。

一开始的目的，纯粹是希望每餐的营养摄取更丰富，毕竟对两人小家庭来说，每餐都要实时准备多样化、每样都小分量的餐点，真的不是很容易。

于是我开始研究"常备菜"。常在日本生活杂志和食谱上出现的这个名词，指的是"可以预先准备好、短时间保存的菜肴"。只要预先做好并加以搭配变化就可以轻松打造美味丰盛的餐桌，这正是我想要尝试的。想到就做吧！于是自家餐桌上的"常备菜饮食计划"开始启动。

我制作常备菜的方式，是预先思考菜单，然后利用一周中空闲的几个小时，一次制作约一周量、5～6道的常备菜，放入冰箱中密封保存。然后每餐饭就可以用2～3道的常备菜，搭配主菜或汤，或是1～2道现做的菜。一阵子之后，我发现我准备餐点的时间少了，却吃得更丰盛健康。即使先生工作至深夜疲倦归来，我也可以很快地变出一桌营养美味的菜色让他享用。轻松快速，就可以让每日餐桌上的菜色变得美味又多样化，这个常备菜计划看来确实可行。

一年下来，我的"常备菜饮食计划"为我的生活带来一些变化：因为常常研究常备菜的食谱，我也慢慢地尝试了很多以前没有接触过的食材，以及很多新的调味方法和做法，这让我在厨房茶饭事上有了更多的趣味；也因为冰箱里随时有让人安心的常备菜，于是我和先生越来越少外出吃饭，我们更常在家下厨用餐，使用的都是自己认真搜罗采买的好食材，吃得安全美味又暖心。而且，常常越是忙碌的时候，就越是想要吃自己做的饭抚慰身心，这时候更是深深觉得，有常备菜真的太好了！

于是，在为家人打造美好的每日餐桌之际，我非但没有更忙碌于柴米油盐酱醋茶之间，反而因为有了常备菜，平日里有了更多余裕的时间，可以去做我想做的事，品味生活里的日常美。
美味，均衡；余裕，疗愈。
这些都是我这一年的"常备菜饮食计划"带给我的。真的非常感谢常备菜。

　　我也在我的 Facebook 主页上同步分享我家的"常备菜饮食计划"，出乎意料，得到不少朋友的回应；有不少朋友说看了我的分享后也开始尝试常备菜，并且告诉我他们很喜欢，这让我很开心。妈妈也被我的常备菜计划影响，每回通电话，就和我兴高采烈地讨论她的口袋料理，"原来我做给你吃过的某某菜也是常备菜呢！我告诉你怎么做喔……"（立刻笔记）餐桌上透过常备菜，有了家庭味的传承，这是我最感动的收获。而现在，常备菜已经是我们家不可或缺的重要角色了，我越做越有兴趣、也越有心得。

　　一年下来，家里出场过的常备菜种类越发多元：从经典的日式常备菜、妈妈传授的台式风味，到自己玩花样尝试的各种融合风味料理，餐桌风景越发多采多姿。现在，自家餐桌上的菜肴有机会化成这本食谱分享给大家，我心里满是感谢。原本做饭粗枝大叶的我，一道道地试做、拍照、记录，只希望可以把常备菜的做法和味道，透过文字和照片，尽可能精确地传达出来。而我想分享的，不只是食谱，也是透过常备菜，传达我对生活的一些体会。

　　这里收录的，都是凯伦家餐桌上，我们喜爱的家庭味。希望你也会喜欢。

Contents

常备菜的 5 件事

什么是常备菜

开始做常备菜之前，请先来跟我一起简单认识什么是"常备菜"。常备菜，日文写做"常备菜"，或是"作り置き"（TSUKULI-OKI），指的就是"可以预先准备好、可在短时间内保存食用"的菜肴。这在日本主妇的厨房里是很常见的制作手法。可以利用零碎的闲暇时间先制作，用餐前不需花太多时间就可以轻松优雅上菜，这是常备菜最大的好处。在这本书里所收录的"常备菜"食谱，包括了已经做好、要吃的时候可以直接拿出上桌享用的菜品，预先处理或腌渍、可以缩短制作时间的食材，以及需要时间、可以一边保存一边使其更入味的菜色。

常备菜的保存

保存是制作常备菜非常重要的一环。良好的保存，才能吃得安心健康。绝大多数的常备菜都需要放置于冰箱里保存，其中以冷藏保存为主，少部分的常备菜也适合分装冷冻，延长保存期限。每一道菜适合保存的时间不同（食谱里会注明建议保存方式和时间），虽然常备菜的概念是可存放，但仍建议趁新鲜尽快食用最佳。请务必使用新鲜的食材制作常备菜，尤其海鲜类和蛋类的常备菜，食材鲜度和制作过程都请特别注意卫生安全。

为了保持常备菜的新鲜度和洁净，请依以下方式保存及使用常备菜：
· 必须完全放凉后再密封放入冰箱保存。
· 使用清洁并充分干燥的保存容器，密封保存。
· 每次要取用时，使用完全干净及干燥的筷匙来夹取。
· 每次夹取要吃的量放至室温下回温即可，不要整盒拿出回温。
· 如有需要再加热的料理，请取出要吃的量另置于小锅里加热后食用，切忌整锅反复加热。

常备菜的食用方法

一般而言，大多数的常备菜都是可以直接从保存环境中拿出、置于室温下回温就可以食用了；炖煮类的菜品，则适合取出要吃的分量，充分加热后再食用。而预处理的常备菜，会以原材料形式进行保存，在食用前再进行调味或处理，并在做好后立刻食用最佳。

使用的调味料

这里介绍分享书中食谱所使用的大部分调味料。

从基本的调味品到异域风的风味调料，只要加以组合变化，就能为常备菜添加不同的风味。各种调味料会因为品牌或是制作方法不同，而有风味和味道上的不同；请参考这里提供的调味料，并依照自己手边持有的调味料，适度尝味，调整所使用的分量。除了以下介绍的种类，书中食谱也经常使用到高汤，请参考第105页的高汤制法。

食用油

目前厨房必备的油品有初榨橄榄油、米糠油及麻油。不同的油品会带来不一样的风味，像是使用麻油立刻让料理变身中华风，橄榄油特别适合用来清炒或凉拌沙拉类的常备菜，米糠油本身香味不明显又耐高温煎炸，是用途很广的油。

酱油

酱油是我不可或缺的调味料，从小到大都爱这一味。选择酱油时，纯酿造的酱油是我的首选；虽然它单价稍高，但风味绝对比化学合成的酱油润美，吃得也安心。不同的酱油，盐度差异很大，调味时请留意。食谱里使用的酱油为屏大薄盐酱油，白酱油则为玉泰白酱油。

醋

醋的种类相当多样，风味也各有不同。最基本的纯米醋，相当适合用来制作渍物及基本调味；千鸟醋是我个人十分偏爱的一款醋，酸味柔和，用来制作日式甘醋渍，风味绝佳。另外我也常备白葡萄酒醋及意大利黑醋两款西式风味调味醋，做沙拉及西洋风常备菜很好用。

特殊醋酱汁

这里特别介绍的是我常常使用到的两款特殊醋酱汁：伍斯特酱汁以及酸桔醋酱油（椪醋）。伍斯特酱汁在酸甜中带有咸度，与肉类菜品极为搭配；酸桔醋酱油则是将柑橘原汁和酱油调合，带有清新果香，作为沾酱或入菜都味美。两款酱汁成分做法也完全不同，但在风味上有着有趣的相似处，可以为菜肴增添不少风味。

酒与味醂

目前我使用的料酒，都以清酒代替米酒，香味清甜。本味醂是一款以米曲发酵后加入日本酒制成的日式调味料，一般含有 10% ～ 14% 的酒精，酒香中带甘甜，它是制作和风料理时不可或缺的。购买味醂时，请务必挑选"本味醂"，它才是真正的味醂。

异国风味调味料

我手边也常备有一些异国调味料，有时不经意地加入常做的菜肴中，能为家常菜变化出新风味。我家里常备的有西班牙烟熏红椒粉、印度咖喱粉、法式芥末籽酱、泰国鱼露、还有地中海风的续随子（酸豆）。

盐

灰海盐（粗盐）和盐曲都是我常备的
两种盐品。灰海盐的滋味单纯，富含
矿物质，是我长期爱用的盐。盐曲是
一种发酵调味料，利用米曲发酵带来
甘美滋味，用它来腌渍海鲜肉品或蔬
菜，都能带出食材的丰郁美味；也可
以代替一般的盐来使用，是我不可或
缺的调味品。

糖与蜂蜜

常备菜中的甜味，多以糖和蜂蜜来添
加；选择未精制过的原色冰糖粉以及
天然蜂蜜，添加甜味的同时也减少身
体负担。另外，味醂里也含有许多糖
分，可用来替代部分分量的糖使用。

辣椒制品

我们家喜爱吃辣，家中随时都备有多
种的辣酱辣油。制作常备菜时，这里
的三款是我除了生辣椒之外，很爱使
用的辣味剂：韩国辣椒粉，色美味香，
小辣程度，很适合加入炖煮里做成韩
式风格炖菜；柚子胡椒是我极爱的一
款日式辣酱，添加了柚子的香气，辣
得很高雅；椒麻酱充满花椒香气，除
了做菜，拌面也相当美味。

味噌

味噌是我很常用的调味料。家里常备赤味噌和白味噌两种，赤味噌风味浓醇，而白味噌风味较为清雅甘美。我做菜时常常会使用到这两款味噌，而在煮味噌汤时，我喜欢将两种味噌以1：1的比例加入，混合两种风味，不加盐，味道很好喔！

日式梅干

梅干是很好用的调味品。以重盐腌渍，酸咸中带有梅子的清香，风味独特。除了可以单纯拌饭做饭团，用来炖煮和凉拌都很好吃。要注意的是市售日式梅干咸度不一，使用的时候请务必试味斟酌用量。

柠檬

最常用来入菜的水果，当属柠檬。凉拌时可以代替醋产生美好的水果酸香，加入菜中也可以增添果香，清新美味。台湾常见的绿柠檬，酸味较强，外皮容易带有淡淡苦味；若不喜欢苦味，建议将外皮削除只以果肉入菜。黄柠檬则可以整颗使用。

香草

书中食谱常使用的新鲜香草包括百里香、迷迭香、薄荷等，都可以在大型日系超市购得，或是可以在花市买到盆栽自行栽种。常用的干燥香料则包括月桂叶、八角、花椒、胡椒等。

锅具及保存器皿的选择

　　制作常备菜不需要太多特别的器具。除了基本的炉具烤箱、刀具砧板、烤盘（少部分常备菜使用）之外，这里介绍的是我用来制作常备菜的锅具和制作渍物的浅渍钵；只要有这三锅＋浅渍钵，就可以完成大部分的常备菜。另外常备菜最重要的就是保存，除了掌握保存方式的大原则外，选择适合的保存容器也很重要。

单柄小汤锅

只要备一把直径 16cm ～ 18cm 的单柄有盖小汤锅，就可以完成书中大部分的常备菜。因为书中介绍的常备菜多为小分量的（炖煮类除外），容量不太大的锅具，在烹煮时才更好制作与入味。选择单柄设计，在翻炒操作时顺手方便；我推荐选择不锈钢或珐琅材质，轻巧又安全耐用。

珐琅铸铁炖锅

书中的炖煮料理，使用的是直径 22cm ～ 24cm 的珐琅铸铁炖锅。珐琅铸铁锅的好处，在于加热均匀、导热快速，厚实的锅壁有极佳的保温效果，做菜省时又更美味，甚至可以替代烤皿进烤箱。部分品牌的铸铁锅有搭配专属蒸笼，使用更加方便。若你使用的是其他材质的锅具，请斟酌增加烹煮的时间。

平底深锅

相对于单柄汤锅，用来煎炒的平底锅我会推荐选择尺寸较大的 26cm ～ 28cm，因为它适合烹调大量食材，并且请选择深锅。除了用来煎炒之外，还可以用来充当汤锅给食材焯水，相当万用。平底锅我选择不粘材质，使用和保养都比较方便；熟练的主妇也可以选择铸铁或不锈钢材质，只要顺手好用即可。

浅渍钵

浅渍钵是做渍物时很好用的器具，由一个钵加上重物组成。将待腌渍的渍物放入钵中，压上重物，它的重量会加速渍物入味。保存时最好在上方覆盖一层保鲜膜，避免污染；市面上也有附上盖子的浅渍钵可选择。

珐琅密封保存盒

我最常使用的保存容器就是珐琅密封保存盒。珐琅具有清洁感，也有不会沾染食物气味的优点。它可以冷藏也可以冷冻、可以直接加热也可以进烤箱（盖子不可），使用非常方便。我经常选购的品牌是 MUJI 的，有多种尺寸可以选择，并且可以相互堆叠，美观又节省不少储存空间（不可用于微波炉）。

玻璃密封保存盒

玻璃也是我喜欢的材质，除了干净不沾味，透明的玻璃材质可以一目了然地知道里面盛装的是什么，这也是它的优点。但玻璃材质较重，也容易打破，使用时要小心。市售的 Lock Lock 玻璃保存盒，密封性强不易渗漏，我喜欢用来盛装汤汁多的菜品。

陶瓷有盖保存皿

陶瓷材质的保存皿也具有干净不沾味的优点，但也一样有容易打破的缺点。我家使用的陶瓷有盖保存皿，造型美丽，但密封性低，适合用来盛装立即要吃的菜，可以美美地直接上桌。

玻璃密封保存罐

玻璃保存罐在我家使用频率很高。它造型尺寸多，密封度高，可以安心地盛装水份汤汁较多的常备菜和甜品，比起玻璃保存盒轻盈小巧，很适合装盛少量的常备菜，也相当便于携带。

密封保存袋

我很少（几乎不）使用塑料材质的保存容器保存常备菜，但密封袋我很难舍弃。它在制作汤汁少又须浸渍入味的常备菜时很实用，只要将食材和腌汁一起放入袋中，挤出空气后密封，即使是少量的腌汁也可以充分浸泡到。选择可以冷冻的材质，也适用于分装冷冻保存的常备菜。

15

● 书中材料的使用分量：

1 小匙 = 5mL

1 大匙 = 15mL

1 杯 = 200mL

to begin

准备好了，
一起来下厨吧。

基本 常备菜

制作简单快速，
同时方便保存的常备菜。
只要花一点时间料理好 & 妥善保存，
要吃的时候可以直接拿出上桌享用，
不费力地立即为餐桌增添美味。

这道充满香草风味的橄榄油渍烤蔬菜，将栉瓜等蔬菜以煎烤方式处理，带出蔬果最大的美味。另外使用质量好的特级初榨橄榄油是这道菜美味的关键。我喜欢一次多做一些冷藏起来，越渍越入味，而且吃不完的油渍烤蔬菜，还可以变化成"普罗旺斯风香料西红柿炖蔬菜"，不一样的吃法也很美味喔！

茄子切开后容易因接触空气氧化变色，将切好的茄子泡入盐水，可防止变黑。甜椒剥皮后再油渍口感较佳。我喜欢利用烤箱处理，方便安全；若无烤箱，也可以使用燃气炉＋烤网直接烧烤。烤好的甜椒趁热放入碗里加盖密封，这是利用热气让甜椒软化，皮会更容易剥除。

大蒜百里香
橄榄油渍烤蔬菜

材料

栉瓜…1 条

红黄甜椒…各 1 个

芦笋…5 支

茄子…1 条

大蒜…1 头

新鲜百里香…3 枝（可以用干燥的代替）

橄榄油…60mL

白葡萄酒醋…15mL

盐…少许

做法

1　将栉瓜切成约15mm～20mm 厚片；芦笋削皮后切段；茄子切厚片泡入盐水 10 分钟后沥干。

2　将横纹煎锅加热，抹上薄薄的油（防沾），将以上食材烧烤至两面都烤出焦纹。

3　烤箱调成上火模式，预热至 220℃。甜椒整颗洗净拭干，对切去籽后，带皮那一面朝上放至烤盘上；大蒜球切去上端约 1/4 一起放入烤 15 分钟，或烤至甜椒表皮呈现皱皮焦黑后取出。

4　将甜椒和大蒜从烤箱取出，趁热放入大碗中，盖上盖子或保鲜膜，静置 15～20 分钟。之后挤出蒜瓣，用手将甜椒表皮剥除，切成适当大小。

5　所有煎烤过的蔬菜放入钵内，趁热与橄榄油和白葡萄酒醋混合拌匀，以少许盐调味。

6　移入保存盒中，将百里香均匀地铺在表面上。放入冰箱，至少半天时间入味后即可食用。

变化版

普罗旺斯风香料西红柿炖蔬菜

材料

烤蔬菜…半份

中型西红柿…1 个切丁

洋葱丁…约 50g

西红柿糊…1 大匙

意式综合香料…1 大匙（可省略）

做法

将以上材料放入炖锅里，拌匀，加热至略沸腾，加盖以中小火炖煮约 10～15 分即完成。

"金平煮"（きんぴら）是种相当常见而传统的日式小菜制作手法，指的是将切丝的食材，先用油炒再用酱油、砂糖煮，最后加入辣椒增添辛味的料理。咸甜开胃的口味，加上爽口的辣香，好吃不腻口。

用牛蒡和胡萝卜做金平煮时，我喜欢将牛蒡的表皮留着一起入菜，只要彻底刷洗干净，略硬的表皮在煮过之后会带来很不一样的口感，好吃又营养。另外这道食谱里我将食材切成粗丝，为的是保留食材的爽脆口感；如果喜欢吃软熟一点的，建议将食材切细一点，或是增加焖蒸的时间。此外，牛蒡较不易熟，所以制作时要比胡萝卜先下锅，最后的口感才会一致！

牛蒡胡萝卜金平煮

材料

牛蒡…1 条
胡萝卜…1 条
干辣椒…适量
清酒…2 大匙
味醂…2 大匙
砂糖…½ 大匙
酱油…2 大匙
米糠油（或其他蔬菜油）…1½ 大匙
白芝麻…少许

做法

1 以较粗的海棉刷将牛蒡表面刷洗干净，用刀背将表皮上的根刮除，切成粗丝；胡萝卜一样切成粗丝，干辣椒剁成细末。

2 炒锅倒入油加热，放入干辣椒末爆炒出香味后，先加入牛蒡丝拌炒，到牛蒡看起来稍稍变软时再放入胡萝卜一起拌炒。

3 清酒、味醂、砂糖倒入锅中和食材拌炒均匀，再放入酱油、半杯水，加盖焖蒸3～5分钟。

4 掀开锅盖拌炒至收汁入味即可；最后撒上白芝麻添味。

保存时间 | 密封冷藏状态下，可保存约 5 天。

日式料理中有一道"茄子田乐烧"，是将切成厚片的圆茄，涂上味噌酱料后烧烤，这也是我最爱的茄子做法。我想象着如果要将茄子田乐烧做成常备菜，茄子＋味噌，可以怎么做？于是尝试了这一道味噌照烧茄子。把茄子先用大量的油烧过，最后裹上味噌酱汁，不论是香味还是口感都能保持，很适合作为常备菜。

食谱中我使用的是圆茄（日本米茄），也可以改用长茄，切成约2～3cm的厚片备用。比起长茄，圆茄煮起来不会那么软，我比较喜欢它的口感。另外料理茄子时，一定不要省略"泡盐水"这个步骤，否则茄子容易氧化变黑，做起来就不美了。最后一个小技巧是在最后才淋上些许酱油。由于酱油加热后香气容易散失，最后添加可让其醇厚的香气为料理增添美味。

味噌照烧茄子

材料

圆茄…1 个（约 300 ～ 350g）
辣椒…1 支
胡麻油…1 大匙
米糠油…1 大匙
赤味噌…1 大匙
糖…½ 大匙
味醂…2 大匙
清酒…3 大匙
酱油…1 小匙
水…约 100mL

做法

1 将圆茄切成大块长条状，泡入盐水 10 分钟后取出沥干，以纸巾拭去表面水分。

2 赤味噌、糖、味醂、清酒，先混合成味噌酱备用，红辣椒切末。

3 炒锅倒入胡麻油和米糠油加热，放入辣椒末爆炒出香味。

4 转大火，放入沥干的茄子，将茄子表面快速煎至出现焦色，倒入刚刚准备好的味噌酱拌炒，让茄子表面都裹上酱汁。

5 倒入水继续用大火拌炒到收汁；淋上 1 小匙酱油提香后关火，完成。

> 保存时间 | 密封冷藏状态下，可保存约 3 天。

我很喜欢吃凉拌藕片，所以有机会买到新鲜莲藕便想自己做做看。但一开始，不是把莲藕煮得太软不脆，就是莲藕会氧化变黑。后来我调整了做法，先泡醋水防止氧化，然后快速焯水，不要煮久，果然成功做出了白皙的颜色和爽脆的口感。我还尝试加入日式梅干，让藕片吃来更清爽酸甜，家人都非常喜欢呢！

另外要提醒，日式梅干本身就有咸度，因此不一定需要再用盐调味；而市售的梅干咸度不一，请务必一边做一边试味道，依实际状况调整味道。

梅香莲藕

材料

新鲜莲藕…300g
米醋…1 大匙
日式梅干…2 颗
味醂…2 大匙
糖…1 小匙
盐…少许

做法

1 将莲藕表皮刷洗干净，削去外皮，轮切成厚度约 2mm 的薄片状。

2 切好的藕片放入大碗里，加入清水盖过，倒入 1 大匙米醋，浸泡约 10 分钟。同时准备一锅煮沸的热水。

3 将醋水沥干，藕片放入沸水中快速焯水约 10 秒，取出沥干放凉。

4 梅干去籽后剁碎，与味醂、糖一起，拌入藕片中，再以少许盐调味。

5 放入保存器皿中密闭冷藏，半日～1 日后入味即可食用。

> 保存时间 | 密封冷藏状态下，可保存约 5 天。

白萝卜是一种很适合各种烹饪方式的食材，不论凉拌、煎烧、炖煮，都能带出美味。这道菜用烧烤的方式，把白萝卜烧出香味，并做出香脆口感，再佐以中式的调味，十分下饭！

黑胡椒风味烧白萝卜

材料

中型白萝卜…½ 个
香油…1 大匙
酱油…1 大匙
现磨黑胡椒…½ 大匙
盐…少许

做法

1 将白萝卜削去皮，切成长条状。

2 不沾锅加热，将白萝卜条一条条放入，让每一个萝卜条都接触锅面；用煎烤的方式将萝卜煎至表面略上焦色。

3 沿着锅边倒入酱油，炝出香味并拌炒，让萝卜裹上酱汁。

4 淋上香油和黑胡椒拌炒出香味即完成。

保存时间 | 密封冷藏状态下，可保存约 4 天。

夏天的时候，我连续做了一周的秋葵料理。用炒的、用拌的、用照烧的，尝试了各式各样的口味。没办法，因为实在太爱吃了！某天想拿柚子醋凉拌时，却发现用完了，转念一想，用意大利的黑醋（balsamic vinegar）来试试吧！为了搭配风味浓郁的意大利黑醋，秋葵先以橄榄油炒过再焖煮，增添了油香，真的非常好吃。放置 1 ～ 2 天后更入味，作为搭配西式料理的配菜非常棒！

意式醋拌秋葵

材料

秋葵…1 包（约 200g）
粗盐…1 大匙（搓洗秋葵用）
橄榄油…1 大匙
水…半杯
意大利黑醋（balsamic vinegar）…2 大匙
盐…少许

做法

1 将秋葵放入盆内，撒上粗盐，用手轻轻地搓洗秋葵表面，洗掉表面的绒毛。

2 保留蒂头，只削去秋葵蒂头周围以及最顶端的粗糙硬皮，再用清水冲洗干净。

3 平底锅里倒入橄榄油热锅，将秋葵放入锅里，稍微油炒带出香味后，以少许盐调味，再倒入半杯水并加盖焖煮，煮至水分消失即可。

4 煮好的秋葵取出放凉，淋上意大利黑醋拌匀。移入保存盒里密封冷藏保存。

保存时间 | 密封冷藏状态下，可保存 4 ～ 5 天。

我们家喜爱的马铃薯沙拉，是这种没有加蛋、蛋黄酱的清爽版本。第一次看到这道食谱，是在《天生嫩骨》这本小说里提到的"小鸟姨婆的马铃薯沙拉"。它只简单拌上油醋，却更品尝得到马铃薯本身的风味。在削切马铃薯的时候先将马铃薯泡水，可以防止变色。另外我喜欢拌沙拉前将醋先加热过，不但可以让甜醋汁的风味更融合，也可以让酸味更柔和！

酸甜马铃薯沙拉

材料

小型马铃薯…600g
洋葱…1 颗
橄榄油…40mL
白葡萄酒醋…50mL
糖…½ 大匙
干辣椒…少许
盐、胡椒…少许
新鲜巴西利叶…适量（可以用干燥的代替）

做法

1 马铃薯削皮，切成约 8mm ~ 1cm 的厚片，泡入水中；洋葱切成细丝。

2 在锅里放入约 500mL 的水煮至沸腾，放入沥干的马铃薯（水量要能盖过马铃薯，不够请添加）；水煮开后，加盖继续煮约 8 分钟，或至马铃薯全熟。

3 把白葡萄酒醋和糖倒入小型的酱料锅，加入 1 大匙煮马铃薯的水，煮沸成甜醋汁，放凉备用。

4 煮好的马铃薯沥干，并趁热拌入橄榄油和洋葱丝，以少许盐调味。

5 倒入甜醋汁拌匀，撒上切碎的巴西利叶，并再以盐和胡椒调味。

保存时间 | 密封冷藏状态下，可保存约 5 天。

我喜欢做烘蛋，因为简单又好吃，除了当作常备菜，也很适合作为早午餐的菜品。用类似西班牙烘蛋做法制作的芦笋烘蛋，选择以烤箱加热，快速简便。因为要当做常备菜，食材和调味都应尽量简单，可让这道烘蛋在冷藏后取出食用，仍能保持美好的风味。我使用了喜爱的芦笋，同样的方式，也可以用菜豆、豌豆、栉瓜等蔬果来代替。

芦笋烘蛋

材料 （直径 16cm 烤盘分量，请使用可以直接加热的器具）
绿芦笋…6～8 支
蛋…3 个
牛奶…20mL
盐、胡椒…少许
黄油、橄榄油…适量

做法

1 烤箱预热至 180℃。

2 绿芦笋洗净后削去尾端的表皮，切段备用。

3 将蛋打散，加入牛奶拌匀，并以盐、胡椒调味。

4 炉火上加热烤盘，放入黄油和橄榄油，待油热后放入芦笋煎香，并以盐、胡椒稍稍调味。

5 关火，将锅从炉子上移开，一口气倒入蛋液。

6 放入已预热完的烤箱，烤 15 分钟（或至蛋液完全凝固）。

7 完成后放凉，切成 6～8 等份，放入密封保存皿中冷藏保存。

Tips：蛋类料理必须特别注意保存时的卫生安全，并尽快食用完毕为佳。

保存时间 | 密封冷藏状态下，可保存约 2 天。

这是我从小吃到大的一道菜，从妈妈那儿学来之后，再加上一些变化，变成属于我的味道。妈妈在教我做这道菜的时候，一直不厌其烦地叮咛：香菇要怎么挑怎么泡、百页豆腐不要煮久、卤汁单纯更能吃出食材之味、加一些酱油膏滋味才会好……一点一点的，传承属于我们家的家庭味。

妈妈的食谱里，有时还会加上鸡翅或肉丁一起煮。这里分享的是我喜爱的素食版本，另外我还多加了海带一起熬煮，没有香料和肉汁的重口味，清爽的滋味也很好吃。

海带香菇百页豆腐

材料

百页豆腐…2 条
椴木小香菇…15 朵
（或是大香菇 5 ～ 10 朵）
干燥海带…1 块
酱油…2 大匙
酱油膏…2 大匙
糖…1 小匙
盐…1 小匙
水…300mL

做法

1 将海带和干香菇分别放在两个碗中，各倒入 150mL 的清水，浸泡 30 分钟，将香菇和海带泡开。

2 百页豆腐切成厚片备用。

3 海带及香菇泡开后，连水一起倒入小锅中。

4 加入 2 大匙酱油、2 大匙酱油膏以及糖与盐，加热煮沸后，小火煮 10 分钟。

5 加入百页豆腐后继续煮 5 分钟左右即可关火。连汤汁一起放入保存盒，密封冷藏保存。

保存时间 | 密封冷藏状态下，可保存 3 ～ 4 天。

我家冰箱里时时都有胡萝卜。因为家里的小狗们极度爱吃胡萝卜（其实我是养了一群兔子吧……），所以我常用胡萝卜当作它们的健康零食。先生和我也都很喜欢吃胡萝卜，常常用它来搭配其他菜肴，或是做炖菜，都很美味。在处理胡萝卜时，有一点很重要：一定要先用好的油来炒。因为胡萝卜里的油溶性维生素，需要利用热油引出来，才可以被人体吸收；而且炒过后的胡萝卜，口感也更好，吃起来更鲜甜。

除了拿来和牛蒡一起煮成甜甜咸咸的金平煮之外，这道蜂蜜百里香胡萝卜也是我常做的。新鲜百里香的风味和胡萝卜很搭，让胡萝卜在香甜中多了一股清新的香气。若是没有新鲜百里香，也可以干燥的代替。

蜂蜜百里香胡萝卜

材料

胡萝卜…1 个
大蒜…3～4 瓣
橄榄油…1 大匙
盐…1 小匙
蜂蜜…1 大匙
新鲜百里香…1～2 枝（取叶子部分）

做法

1 将胡萝卜洗净，先横切成约 5cm～6cm 长的块状，再直切成粗条状。

2 将大蒜切片，平底锅里加入橄榄油热锅，放入大蒜片和胡萝卜条拌炒，炒到胡萝卜熟透变软。

3 撒上盐调味；关火，淋上蜂蜜，并撒上百里香叶。放入保存盒内密封保存。

保存时间 | 密封冷藏状态下，可保存 4～5 天。

我喜欢喝加了很多蔬菜的味噌汤。某次煮味噌汤时，冰箱里刚好剩下一颗西红柿，我就顺手切了丢下去煮。先生看到汤碗里的西红柿，微皱着眉说："加西红柿？好奇怪！"害得我有点紧张,怕好好一碗汤被我给煮坏了。喝了一口,嗯，一点也不奇怪啊！西红柿的酸甜加上味噌的醇厚风味，明明就超好喝！从那之后味噌汤里加西红柿，就变成了我家的经典口味。

把西红柿和调味稍浓的味噌汤汁煮在一起，就是一道可以方便保存的常备小菜。把它当冷菜也好吃。汤汁也不要浪费，添些高汤稀释后加热，做成可快速上桌的西红柿味噌汤也很好喝喔！

西红柿豆皮味噌煮

材料
中型西红柿…2 个
油豆皮（或油豆腐）…3 ～ 4 枚
白味噌…2½ 大匙
海带柴鱼高汤…1½ 杯
嫩姜…1 小节

做法
1 西红柿去蒂后切大块，油豆皮切成细长条，嫩姜切细丝。

2 将海带柴鱼高汤放入小锅中煮至微滚，加入白味噌溶解。

3 放入西红柿及油豆皮，以中小火（汤汁保持微微沸腾状态）煮 5 分钟。

4 关火，放入姜丝。放凉后移至保存容器内冷藏密封保存。

保存时间 | 密封冷藏状态下，可保存 4 ～ 5 天。

回想我曾经煮过小松菜的方法，发现几乎都是和豆制品一起做的：烫过的小松菜拌上芝麻豆腐泥，和白豆皮一起用海带高汤轻煮，或是和切片的白豆干一起辣炒……每一道都很好吃，小松菜真的和豆制品很搭！而且小松菜口感清脆又耐煮，是叶菜中很适合用来做常备菜的种类。

这道香炒豆皮小松菜，算是我家"小松菜×豆制品系列料理"中比较重口味一点的；把它和寿司豆皮加上酱汁一起烧得甜甜咸咸，还带着麻油的香气，是我相当喜爱的吃法。

香炒豆皮小松菜

材料

小松菜…1把（约300g）
寿司用豆皮…5～6个
麻油…1大匙
酱油…1大匙
味醂…1大匙
海带柴鱼高汤…50mL

做法

1 将小松菜洗净切段，茎与叶分开；豆皮切成细丝。

2 平底炒锅里加入麻油热锅，将小松菜的茎以及豆皮一起下锅炒香，再加入小松菜叶一起拌炒。

3 放入酱油、味醂和锅中材料拌炒，最后加入高汤快速烧煮至大略收汁。

4 放入保存盒中，密封冷藏保存。

保存时间 | 密封冷藏状态下，可保存4～5天。

长大之后，我才爱上吃山苦瓜。但是我还是不爱单吃山苦瓜，一定要跟我喜欢的食材一起搭配调味才行：像是和咸蛋一起热炒，和芝麻醋酱拌成沙拉……总之要搭一些鲜美的味道，来平衡山苦瓜在清新里夹带的苦味。

我最近的新欢，是这道用日式梅干和高汤酱油煮成的山苦瓜煮物。把切成大块的山苦瓜煮得软透，苦味都转化成了深沉的醇厚滋味。这道料理煮完其实是可以直接上桌的，但别急着吃，只要再多放1～2天，梅干的咸香从汤汁里慢慢渗透入味，风味更佳！

日式梅干煮山苦瓜

材料

山苦瓜…1 个
日式梅干…2 颗
海带柴鱼高汤（无调味）…150mL
酱油…30mL
味醂…30mL

做法

1 将山苦瓜直切剖半，去除苦瓜籽，再用金属的大汤匙，将内里白色的部分刮除。白色海棉状内膜煮起来会苦，所以请尽可能刮干净。

2 山苦瓜切成大块；在日式梅干的表面划一刀，让它可以更快地释放出风味。

3 山苦瓜及日式梅干放入小煮锅中，加入海带柴鱼高汤、酱油和味醂。

4 以中火煮开后，再煮 5 分钟即可关火。最后，连汤汁一起倒入保存盒中，密封冷藏保存。

保存时间 | 密封冷藏状态下，可保存 4 ～ 5 天。

洋葱、培根和酸豆，是我家冰箱里常备的三种食材。每次没时间买菜或是没有常备菜创意的时候，就会做这道沙拉备着。加入白葡萄酒醋和法式芥末酱调味，会让这道料理有点西餐风格。我爱拿它来做早午餐，只要在吐司面包上抹上些日式蛋黄酱，放几片水煮蛋切片或是小黄瓜，厚厚地铺上一层洋葱培根酸豆沙拉，再夹起来吃就很美味。也可以煎个汉堡排，放上它当配菜，它们俩味道很搭。

培根一般都不建议即食，所以要将它稍微炒过再拌入沙拉中；你也可选择自己喜欢的各式即食火腿来代替培根，这样就不需要拌炒了。沙拉中的盐也可以用盐曲代替（约½大匙），加了盐曲的风味也很不错喔！

洋葱培根酸豆沙拉

材料

洋葱…1 个
市售切片培根…3 片
酸豆（沥去水分后）…2 大匙
橄榄油…3 大匙
白葡萄酒醋…2 大匙
法式芥末酱…1 大匙
盐…½ 小匙
新鲜或干燥欧芹…适量

做法

1 将洋葱薄切成细丝，放入加了大量冰块的冰水里，浸泡 20 ～ 30 分钟，借此去除呛味并保持脆度。

2 培根切成小块，用加热的平底锅略炒一下。

3 取一个调理碗，放入白葡萄酒醋和盐，再分三次倒入橄榄油，每次加入都快速搅拌使其质地接近乳化；之后再加入法式芥末酱及酸豆一起拌匀。

4 最后将洋葱丝沥干水分，与培根一起放入酱汁内拌匀，撒上少许欧芹添色添味。

> 保存时间 | 密封冷藏状态下，可保存约 5 天。

羊栖菜也称为鹿尾菜，是一种营养价值很高的海藻类生物。它不但铁质和钙质含量非常丰富，还含有大量的膳食纤维、钾、维生素A、B族维生素、维生素C、维生素E等成分，同时不含热量，既营养又低负担。羊栖菜以前在台湾并不常见，现在很多大型及日系超市都有了它的身影。超市里买到的干燥羊栖菜，一般分为长羊栖菜和芽羊栖菜两种；我在这里使用的为芽羊栖菜，若你买到的是长羊栖菜，请记得泡开后先剪成小段再使用。

我最常做的羊栖菜料理就是这道羊栖菜煮物，加入豆皮和胡萝卜，以酱汁煮得咸咸甜甜，入味又下饭。不但可以当作小菜，也可以用来捏饭团、煎蛋卷、炒饭、混入绞肉里做成汉堡排……可以变化出很多花样。

羊栖菜煮物

材料

羊栖菜…10g
（这里使用的为芽羊栖菜）
油豆皮…4个
胡萝卜…1小段（80～100g）
大蒜…4～5瓣
麻油…1大匙
酱油…2大匙
糖…1小匙
清酒…2大匙
海带高汤…½杯

做法

1 将羊栖菜用水泡开备用；油豆皮、胡萝卜分别切成细丝，大蒜切薄片。

2 平底小锅里加入麻油热锅，再加入大蒜和胡萝卜，先大致炒香，至胡萝卜微微变软。

3 接着，依序加入羊栖菜和油豆皮，一起拌炒。

4 加入海带高汤、清酒和糖，中火煮3～4分钟或至汤汁煮滚，再加入酱油。

5 中小火煮15～20分钟至汤汁收干即可。

保存时间 | 密封冷藏状态下，可保存5～7天。

将猪绞肉以味噌调味，再炒得熟香的绞肉味噌，是我制作肉类常备菜之初，学到的第一道菜。它有很多吃法：放在白饭上再加一颗蛋并洒上葱花，就是一道丰盛盖饭；拌面当然也好吃；加一点豆瓣酱和高汤、豆腐同煮，就是速成又美味的麻婆豆腐。还有很多的吃法，基本上是一道万用的常备菜！

后来为了爱吃辣的先生，我尝试加入辣味。实验了多次，我发现加入韩国辣椒粉后，这道菜不论颜色或香气都很漂亮。而且市售的韩国辣椒粉大多辣度并不高，即使只能吃微辣的朋友也能接受。另外，我也加入了大量我很喜欢的蒜和姜，让口感和香味都更有层次。

辣椒绞肉味噌

材料

猪绞肉…300g

大蒜…5 ～ 6 瓣

嫩姜…1 小节

赤味噌…1½ 大匙

韩国辣椒粉…2 小匙

清酒…2 大匙

味醂…1 大匙

糖…1 小匙

米糠油…2 大匙

做法

1 准备好所有材料，大蒜和姜切成粗末。

2 将赤味噌、清酒、味醂、糖均匀混合成味噌酒汁。

3 平底炒锅里放入油热锅，加入绞肉、蒜末和姜末拌炒。

4 炒至绞肉表面开始变得干干的、7 ～ 8 分熟时，加入刚刚调好的味噌酒汁。

5 继续炒到绞肉全熟，锅内都干干松松的完全收汁的状态，最后洒入辣椒粉拌匀。

保存时间 | 密封冷藏状态下，可保存 3 ～ 4 天。

这是一道可以当作副菜、也可以当作主食的爽口沙拉。它使用粉丝增加饱足感，再以干贝和卷心菜添加鲜甜，整道菜都使用低热量的食材，好吃又不需要忌口，是我非常爱吃也爱做的一道常备菜！（笑）我常常拿它来充当主妇一个人的午餐，而嘴馋的深夜里，也是这道粉丝沙拉频繁上场的时间，它饱足又少负担，当作宵夜很适合。

我还喜欢加入一些屏东松芳酱园的金松辣椒酱一起吃，它们味道很搭～喜欢吃辣的朋友也可以试试看喔！

干贝卷心菜粉丝沙拉

材料
干贝（干）…3 颗
粉丝…1 饼
卷心菜…约 1/8 颗
米糠油…2 大匙
米醋…1 大匙
盐、水…各少许

做法
1 将干贝表面稍稍冲洗，放入小碗加入约 50mL 清水泡开；泡开后将干贝用手撕成细丝，水留下备用。

2 同时将粉丝加入水泡开，剪成小段备用；卷心菜洗净后切成小块或粗丝。

3 平底锅中加入两大匙米糠油热锅，放入卷心菜及干贝略炒出香味后，放入剪成小段的粉丝拌匀，再倒入刚刚留下备用的泡干贝水，不加盖拌煮 4 ～ 5 分钟。

4 关火，加入米醋拌匀，同时试味道，以少许盐调味即完成。

保存时间 | 密封冷藏状态下，可保存 3 ～ 4 天。

老实说，我一向喜欢鸡腿肉胜过鸡胸肉，主要是不喜欢鸡胸肉干涩的口感。不过自从我成功地用鸡胸肉做出又嫩又好吃的鸡肉丝之后，我的菜篮里就开始经常出现鸡胸肉的身影。我的秘诀是将鸡肉放入鸡汤里煮时，一煮沸立刻关火加盖，以焖的方式让鸡肉熟透；并且一定要趁还烫手时就剥丝调味，如果等到凉了再撕，肉就干掉了；所以我经常是一边吹着被烫到的手指一边撕，它的美味让我乐此不疲。

另外要提醒，日式梅干本身就有咸度，因此不一定需要再加盐；而市售的梅干咸度不一，请务必一边做一边试味道，依实际状况调整盐量。

梅干香菜凉拌鸡肉丝

材料

鸡高汤…500mL
鸡胸肉…2 片（约 400g）
日式梅干…3 颗
香菜末…1 大匙
味醂…1 小匙
盐…少许

做法

1 将鸡高汤加热，煮沸后转小火，放入鸡胸肉；继续以小火煮 8～10 分钟，汤煮沸就关火加盖，焖 10 分钟左右。

2 将鸡肉取出，趁热用手或叉子，将鸡肉撕成粗丝。

3 把日式梅干去核后剁碎，与香菜末、味醂、2 大匙鸡汤，以及鸡肉丝一起拌匀。

4 试味道，以少许盐调味。

保存时间 | 密封冷藏状态下，可保存约 5 天。

市场里有一个天天做新鲜豆制品的摊子，种类很多，生意也很好。我站在各式各样的油豆腐、油豆皮的前面难以抉择，亲切的大姐立刻过来招呼我："这种可以作豆皮寿司，那个切成小块炒起来很好吃……"买个菜聊个天，就多学会了很多种新吃法，真是划算。

这道葱烧油豆腐就是某天闲聊时老板娘分享的做法。用的是软嫩的方块油豆腐，它保有豆腐原先的质地和口感，但更为耐煮不烂。再加入葱姜佐料，烧煮成浓厚的口味，很家常，很美味。除了豆腐味道好，吸饱酱汁的葱丝和姜片也是重点，好吃极了！

葱烧油豆腐

材料

方形油豆腐…6 块
葱…2 支
辣椒、姜…适量
酱油…1 大匙
糖…1 小匙
清酒…1 大匙
豆瓣酱…1 大匙
鸡高汤…1 杯
油…½ 小匙

做法

1 在油豆腐其中一面的表面上浅浅地划上十字，这样烧煮时可以快速入味。

2 将辣椒和姜切薄片，葱切成段状；鸡高汤和清酒、酱油、糖混合成调味鸡高汤备用。

3 在不沾平底锅里抹上薄薄一层油热锅，然后将油豆腐放入，两面煎至微上焦色。

4 丢入葱段、辣椒和姜，再倒入刚刚混合好的调味鸡高汤，加盖煮 5～8 分钟；中间将油豆腐翻面一次，让两面都可以入味。

5 打开锅盖，加入豆瓣酱，再用大火煮到大略收汁即可。

6 很适合冷吃，也可以再添加少许鸡高汤、以平底锅加热再食用。

保存时间 | 密封冷藏状态下，可保存约 2 天。

菌类是很百搭的一种食材，不管是炒蔬菜或是炖肉都行，中式料理中常见它们的踪影，西式料理里也少不了它们。现在市场里可以买到的菌菇种类越来越多，有的口感柔软，有的爽口弹牙。我喜欢做的这道麻油渍鲜菇，用了多种不同的鲜菇，口感很丰富，仔细炒香后，淋上一点米醋来提味，再用麻油统合风味，会让整体滋味更丰腴。

单吃时，只要撒上一些七味辣椒粉和香菜末，就是一道可口小菜；它也很适合用来拌饭，或是加上海带高汤，煮成一道简单又暖胃的鲜菇汤。

麻油渍鲜菇

材料

鲜香菇…5～6朵
蘑菇…1盒
蟹味菇…1包
柳松菇…1包
大蒜…5～6瓣
盐…少许
米糠油…3大匙
米醋…2大匙
麻油（或香油）…2～3大匙

做法

1 将香菇和蘑菇切成四等份，蟹味菇切去根部后剥成大块，柳松菇同样切去根部后剥开。

2 将所有的鲜菇冲水，洗净表面，甩干水分；蒜瓣切成薄片。

3 锅中加入米糠油热锅，放入蒜瓣油煎。

4 等到散发出大蒜香气时，依序放入蘑菇、香菇、蟹味菇、柳松菇。

5 持续拌炒至菇类开始释放出水分，撒盐调味；再继续炒约3～5分钟。

6 关火，倒入米醋拌匀，将做好的鲜菇全部移至保存盒内。

7 淋上麻油（或香油），密封冷藏保存。

变化版

海带鲜菇汤

材料

麻油渍鲜菇…半份
海带柴鱼高汤…500mL
葱花…少许
盐、胡椒…各少许

做法

1 将海带柴鱼高汤放入小锅里加热，沸腾后放入麻油渍鲜菇同煮；等到再次沸腾时，以盐和胡椒调味，撒上葱花后即完成。

2 也可以自行添料，加入豆腐丁或蛋花，吃起来更丰富喔！

夏天去市场，我一定会买的食材就是正当季的绿竹笋。网络上有很多教我们煮出既鲜甜脆嫩又不苦的绿竹笋的方法，而我的煮法是许妈妈教我的家传煮法：（1）一定要趁早上购买当天清晨挖的笋；（2）回家后立刻以做法中的方式水煮，以保留竹笋的鲜嫩；（3）煮的时候以及放凉的时候"绝对不要打开锅盖"，这是最重要的一点！利用这三个小秘诀，我每次都能顺利煮出鲜甜脆嫩的竹笋。快来试试看！

煮好的鲜笋，除了做成凉笋沙拉外，我最爱的做法就是煮成海带味噌烧笋。选用香气重的赤味噌，和清香的海带酱汁一起烧煮，更提升笋的美味喔！

海带味噌烧笋

材料

新鲜绿竹笋…3 个（450 ～ 500g），也可直接使用已煮熟的绿竹笋
水…1½ 杯
海带酱油…1 大匙
清酒…3 大匙
味醂…1 大匙
赤味噌…2 大匙

做法

1 首先煮绿竹笋（若是使用已煮熟的竹笋，可省略此步骤）。将去壳后的绿竹笋整颗放入锅内，倒入清水（分量外）盖过笋；盖上锅盖，以中火煮 45 分钟后关火；直接整锅移至一旁静置冷却。注意中间不要打开锅盖，也不要将竹笋捞出。

2 完全冷却后取出绿竹笋，直剖成 6 ～ 8 等份的直条状。

3 切好的笋子放入锅中，倒入水、海带酱油、清酒、味醂，不加盖，以中小火煮。

4 一边煮一边炒拌，让竹笋尽量与海带汁接触 煮至水剩下 ½ 左右时，放入味噌拌匀。

5 继续一边煮一边炒拌，直至笋入味，剩下些许汤汁即可。

保存时间｜密封冷藏状态下，可保存 3 ～ 4 天。

自己动手做丸子，乐趣多多也美味多多，里面的成分都是自己挑选的，吃起来也格外安心。鸡肉豆腐丸子是颇受先生好评的口味。选择鸡胸肉和鸡腿肉各半，剁成粗茸，加上新鲜老豆腐，一起混合成柔软又弹牙的美味丸子。吃的时候拿鸡高汤、嫩萝卜、水菜或茼蒿煮成一锅，再沾一些桔醋酱油吃，就是简单美味的主食。

　　我喜欢手剁鸡肉，剁成粗肉块，保留了肉的口感，但是这道菜要来回多剁几次让肉茸产生黏性，丸子才易成型。也可以用食物处理机打成肉泥，丸子质地会更光滑细致。

鸡肉豆腐丸子

材料

鸡胸肉…1 片

去骨鸡腿肉…1 只

传统老豆腐…半块

大蒜…3～5 瓣，剁成蒜泥

老姜…1 小块，剁成姜泥

青葱…1 根，切成细葱末

麻油…2 小匙

马铃薯淀粉…1½ 小匙

白胡椒粉…1 小匙

白酱油…1 小匙

米酒…2 大匙

盐…1 小匙

做法

1 将鸡胸肉与去骨鸡腿肉去除白色的筋膜和脂肪后，剁成粗茸或以食物调理机打成泥。

2 豆腐用叉子压成豆腐泥。

3 把鸡肉茸和豆腐泥以及所有的材料（米酒除外）一起放入大调理钵中，搅拌均匀。

4 加入米酒，用手抓匀并摔打肉馅，让肉馅吃水并使其更有弹性。

5 让肉馅静置一会儿入味；此时取大汤锅烧一锅开水。

6 将肉馅做成大小一致的小圆球状，放入沸腾的水里煮，待丸子浮起后即可捞起。

7 约可做 20 个丸子；捞起后放入密封的保存盒中冷藏，或是以密封保存袋装好冷冻保存。

保存时间 | 密封冷藏状态下，可保存 4～5 天。冷冻可保存约 2 周。

某次在一本日本料理书上，我看到了"煎酒"这种使用日本酒制作，加入梅子、海带及柴鱼熬煮的调味料，大感兴趣；试验过几次后，最后完成的凯伦家版本便是这道食谱里使用的梅干柴鱼酱汁。以清酒为底，辅日式梅干和柴鱼的酸与鲜，再添些酱油的醇，是我很喜欢的风味。用它和新鲜西红柿一起做成清爽的沙拉，无论哪个季节都是很合适的常备菜。

日式梅干柴鱼西红柿沙拉

材料
熟西红柿…2 个
日式梅干…1 颗
白酱油…1 大匙
清酒…100mL
柴鱼片…适量

做法
1 将日式梅干去核切碎，和白酱油、清酒一起用小酱料锅加热至沸腾后关火，加入柴鱼片静置放凉。
2 西红柿洗净拭干，纵切成约 1cm 厚的厚片。
3 西红柿片放入保存器皿中，再将梅干柴鱼酱汁均匀淋上，密封冷藏保存。

保存时间 | 密封冷藏状态下，可保存约 5 天。

油渍小西红柿是我家的常备料理之一，它制作方便，保存期长，而且和新鲜西红柿相比，有着更浓缩紧致的风味。我很喜欢在炖煮或是烤蔬菜的时候加一些油渍小西红柿进去，一点点就可以带来很棒的西红柿香气。渍过小西红柿的香料橄榄油也妙用无穷，风味绝佳，用来烤物或是拌沙拉和意大利面都很适合。

　　除了百里香，也可以使用你喜欢的各种香草，如迷迭香、月桂叶等，它们都可以为油渍小西红柿增添不同的风味。

油渍半干小西红柿

材料

小西红柿…250～300g
大蒜…10 瓣
新鲜百里香…适量
盐、胡椒…适量
橄榄油…约 100mL

做法

1 小西红柿去蒂洗净，沥干水分。

2 将每一个小西红柿纵切成两半但不要切断，切面朝上，平放在烤盘上；小西红柿之间不要重迭，尽量完全摊平，这样烤的时候受热比较均匀。

3 随意放上大蒜和新鲜百里香，均匀淋上少许橄榄油，并撒上盐和胡椒。

4 烤箱预热至 140℃，预热完毕后放入烤盘，烤程大约 2 小时，或至小西红柿表面干燥缩起，呈现无水分的状态。

5 烤盘取出放凉；将放凉后的小西红柿和大蒜、香草一起装瓶，倒入橄榄油直至盖过全部的小西红柿，盖上盖子，密封冷藏保存。

保存时间｜密封冷藏状态下，可保存至少一个月。

这道有些韩国料理风格的香辣蘑菇，是我的先生非常喜爱的小菜。使用整朵的蘑菇，先用煎烤的方式将蘑菇煎熟，并以麻油增添香气；再将煎好的蘑菇放入香辣的腌汁中浸泡入味。蘑菇的多汁柔韧和洋葱末的香郁清脆，带来充满对比的美妙口感。

将这道料理冷藏密封保存，静置1～2天会更入味好吃。你还可以添上炒过的白芝麻，让口感和香味更佳。

香辣烤蘑菇

材料

蘑菇…1盒（约250g）
麻油…1大匙
大蒜…3瓣
洋葱…半颗
干辣椒…1个
麻油…3大匙
酱油…2大匙
味醂…2大匙
韩国辣椒粉…1大匙

做法

1 将蘑菇清洗干净，轻轻用纸巾吸干水分，切去蒂头。

2 大蒜、洋葱及干辣椒都切成细末备用。

3 平底锅热锅，放入1大匙麻油，将蘑菇一朵朵放入，让每一朵蘑菇都接触锅面；用煎的方式将蘑菇煎至全熟，两面呈金黄色。

4 将大蒜末、洋葱末、干辣椒末、麻油、酱油、味醂于大钵中混合。

5 将煎好的蘑菇倒入钵中，并和所有调味料混合均匀，最后撒上辣椒粉拌匀。

6 收至保存器皿中密封冷藏保存。

> 保存时间 | 密封冷藏状态下，可保存3～4天。

保存时间 | 密封冷藏状态下，可保存约 3 天。

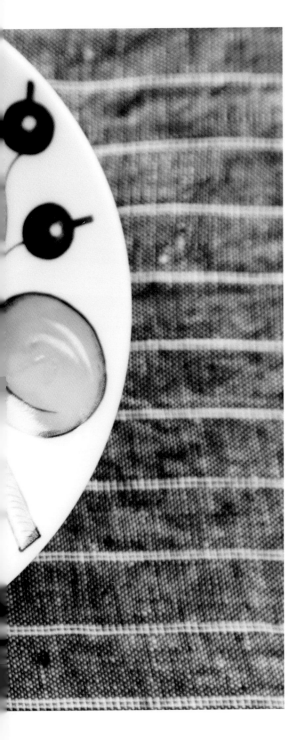

芥末籽油醋是我拌沙拉时最常搭配的酱汁，它和蔬菜、海鲜、鸡肉等食材都很搭配，这里将它用在常备菜上，与煎烤过的蔬菜做成温沙拉风格的常备菜。除了可以当作配菜食用，连同酱汁一起和煮好的意大利面拌成意式冷面，也很美味喔！

由于绿芦笋末端表皮纤维较粗，口感较差，在制作前使用削皮刀削去粗硬的外皮，可让芦笋吃来更脆嫩，也更容易入味。

烤芦笋洋葱佐法式芥末橄榄油酱汁

材料

绿芦笋…约 200g

洋葱…1 颗

法式芥末籽酱…1 小匙

盐…½ 小匙

蜂蜜…½ 小匙

橄榄油…1 大匙

米醋…1 大匙

做法

1 先将芥末籽酱、盐、蜂蜜、橄榄油及米醋混合成酱汁备用。

2 洋葱切成略宽的细长条；绿芦笋削去尾端的表皮，切成与洋葱等长度。

3 用不粘平底锅或是烤网，将洋葱和芦笋煎烤至熟，表面略上焦色。

4 将烤好的洋葱和芦笋放入浅底的保存皿中，淋上酱汁，让所有食材都均匀裹上酱汁。

5 密封保存，约半日后入味即可食用。

烧鸡翅是我很常做的一道菜。记得以前妈妈会把鸡翅和豆腐、香菇一起卤上一锅，冷凉后放到保鲜盒里冷藏，每次我都忍不住打开冰箱偷拿一个来啃（笑）。鸡翅的胶质让卤汁凝结得QQ的，和卤得透香的姜片一起吃……真是让我怀念的家常美味。

除了学习妈妈的味道，我也慢慢地找到了自己喜欢的烧鸡翅做法：就是加了伍斯特酱汁（Worcestershire Sauce）一起烧煮的版本。伍斯特酱汁，也叫梅林辣酱油，其实它一点也不辣，反而融合了甜、酸、咸、鲜各种味道，是用途很广的调味酱汁。加入了伍斯特酱汁一起烧煮的鸡翅，里面醋的成分不但让这道料理带着一丝淡淡的酸醇香，使其风味更有层次，也能让肉质变得更软嫩更好吃！

伍斯特酱烧鸡翅

材料

鸡翅…8只（这里使用二节翅）
老姜…一小节
米酒…80mL
酱油…40mL
味醂…40mL
伍斯特酱汁…50mL
水…½ 杯

做法

1 鸡翅洗净拭干、姜切薄片备用（约7～8片，喜欢姜香可以多加）。

2 在锅里将水、米酒、味醂、姜片混合煮沸，转小火，加入酱油及伍斯特酱汁。

3 放入鸡翅，让鸡翅尽可能都接触到煮汁；拿一个比锅小的锅盖轻轻盖压在食材上，让煮汁和鸡翅能更快入味。

4 中小火煮约20分钟，时时注意煮汁收干的情形，若水太少可稍稍添加。

5 之后打开锅盖，一边用筷子稍稍拌炒，一边继续煮至收汁。

6 将鸡翅和剩余的酱汁一起放入保存盒内，最后放入冰箱密封冷藏。

保存时间 | 密封冷藏状态下，可保存约 4 天。

这是一款我某次在日式料亭吃到便爱上的小食，回来依样画葫芦试做，味道居然也有七八分像，现在它经常出现在我们家的餐桌上。材料中的小鱼山椒（ちりめん山椒），为日本京都地区的名产，是一款将实山椒与小鱼一起以酱油等调味料佃煮而成的食品。山椒带来的特殊香气，加上咸咸甜甜的味道，非常下饭。因为台湾不易购得小鱼山椒，我也犹豫过要不要将这道小菜写入书里，但我自己实在太喜欢，还是决定收录这道菜。

食材中的糯米椒，也称青龙椒，本身并不辣，有很迷人的椒香；也可以用青椒替代。

糯米椒小鱼山椒煮

材料

糯米椒…1 包（约 200g）
小鱼山椒…1 大匙
清酒…2 大匙
味醂…1 大匙
酱油…½ 大匙
水…½ 杯

做法

1 将糯米椒洗净，切去蒂头，体积较长的斜切成两半，再以尖头筷子挑去籽。

2 在小锅里混合水及所有调味料，煮开后放入小鱼山椒以及已经处理好的糯米椒。

3 不加盖，一边煮一边拌炒，让所有的糯米椒都接触到调味料，慢慢煮软。

4 约 15 ～ 20 分钟即完成；熄火放凉，连同汤汁一起装至耐热保存容器中。

5 静置约一天时间可以入味。

保存时间｜密封冷藏状态下，可保存 5 ～ 7 天。

在日式料理中，加上生姜一起佃煮的料理，被称为"时雨煮"。比较常见的是使用牛肉或是蛤蜊贝肉，用酱汁煮得甜甜咸咸，再加上生姜带来的些许辛辣，开胃又下饭。我喜欢用牛小排来做，选择带有丰富油花的牛小排，煮后也可以保持软嫩口感。只要事先做好再冷藏保存，在忙碌的时候煮锅白饭，把冷冷的时雨煮直接放在饭上，让油脂慢慢融化在热腾腾的白饭上，就非常美味。

除了基本的调味外，我也为爱吃辣的先生，设计了加入香辣椒麻酱一起煮的版本，椒香隐隐，爽口又解腻，这种搭配也很诱人！

椒香牛肉时雨煮

材料

牛小排火锅肉片⋯400g

嫩姜⋯约30g

酱油⋯3 大匙

味醂⋯3 大匙

清酒⋯60mL

糖⋯½ 大匙

椒麻酱或花椒粉⋯1 小匙
（嗜辣者可酌量添加）

做法

1 将牛小排肉片切成约 5cm 长，嫩姜切成细丝。

2 小锅里放入清酒、味醂、酱油、糖，以中小火煮沸。

3 放入牛肉片，用筷子拌煮，让所有的牛肉片都充分地浸到煮汁中。

4 加入姜丝，拌煮至牛肉全熟，并尽量收汁。

5 最后加入椒麻酱或花椒粉拌匀即可关火，装到保存盒中放凉，密封冷藏保存。

保存时间 | 密封冷藏状态下，可保存约 5 天。

我采购的店家清单

　　寻找好看又实用的餐厨器具，以及搜罗特殊美味的调味料和食材，是我在厨房游戏的这些年培养出来的兴趣。选择喜爱又顺手的餐厨器具，不但可以让食物更美味地呈现，也让我们在做饭和用餐时带着好心情。而食材的好坏以及调味品的选择，更是能左右风味的关键。

　　这些年来，我除了喜欢在旅途中搜集餐厨小物及异国风味之外，也慢慢地建立起了自己的购物地图，方便时时补货。下面就来分享这些我经常采购器具餐皿和食材的品牌与店家，包含实体店以及网站。

【Le Creuset】

http://www.lecreuset.com.cn/

Le Creuset 的厚实铸铁锅是我制作炖煮类菜肴的好帮手。厚实的铸铁锅壁，传热快速又保温，用它做炖菜特别美味。而且锅的外观颜色都很炫丽，用起来心情也美丽，直接上桌也很好看！

【小器生活道具】

http://www.thexiaoqi.url.tw/

"小器"是一家代理不少日本餐厨用具品牌的生活器具店的名字，店里商品走的是细腻简约路线，呈现出高质感的日系生活风格。更不时地与日本职业作家合作策划个展，带来许多美丽少见的器皿。我经常可以在"小器"发现喜爱的用具器皿，为我的餐桌增添美丽的风景。

【玩德疯】

http://www.wonderfulselect.com.tw/

在网络上，以代理进口德国优质亲子用品闻名的玩德疯 Wonderful，是德国 Weck 原厂在台唯一的总代理商。相当好用的 Weck 玻璃保存罐，不管装盛常备菜还是干货，都非常实用。玩德疯同时也引进了日系的 Weck，那些充满杂货风的木制用品也都让人喜爱不已。

【PEKOE 食品杂货铺】

http://www.yilan.com.tw/htmL/modules/mymall/

Pekoe 是我相当依赖的网络商店。它可以搜罗到各种质优美味的调味品，其中的和风以及欧美异国风相当齐全，我会固定在这里补货柚子胡椒、海带、知左都醋等许多日系调味料。Pekoe 同时也贩卖柳宗理等精选的器物品牌，是生活中好用又高质感的选择。

【MUJI 无印良品】

http://www.muji.com.cn/

我有许多的厨房用具和餐具都是 MUJI 的。其中它的珐琅保存盒是我的爱用款，纯白色的餐具也是我厨房里的基本款。我特别喜欢 MUJI 简洁的色调和简约的设计，不仅用得顺手，也能衬托食物的美味。

【la petite maison 小家日常】

http://www.facebook.com/la.petite.maison.tw

它是我的好友"水瓶花园"经营的网络小卖场。老板娘品味极好，总是亲自往返日本挑货，挑选风格高雅温暖。爱下厨的她，对于厨房小物的眼光也极为挑剔，她自己用过后真心觉得好的器物才会分享。每次上架，我必定乖乖守在计算机前喊声抢货哪。

【餐桌上的鹿早】

（FB 查询："餐桌上的鹿早。。。生活食器"）

它是在台南卫民街的一间小店，是我不时会去寻宝的好地方。老板从日本进了不少食器，价格合理，东西实用，很容易就让人守不住钱包。店内也贩卖 Weck 保存罐，时不时还会上架一些特别的老东西，不但采买方便，更是每每让人有挖到宝的惊喜。

【City'Super 超市】

http://www.citysuper.com.cn/

City'Super 超市是我每回去台北必逛之处；除了欧美及日系商品种类齐全方便我补货，生鲜和进口新鲜食材也选择众多。所以我总是可以在这里找到新奇特别的食材或调味料，回家尝试新风味。另外这里也有方便好用的 Balls 密封瓶，它也是我保存常备菜的好帮手。

预处理 常备菜

将买回来的食材先简单调味、预先处理或腌渍，要吃的时候只要拿出就可以立刻烹调。不但大幅缩短了制作时间，也可以有许多的菜色变化。

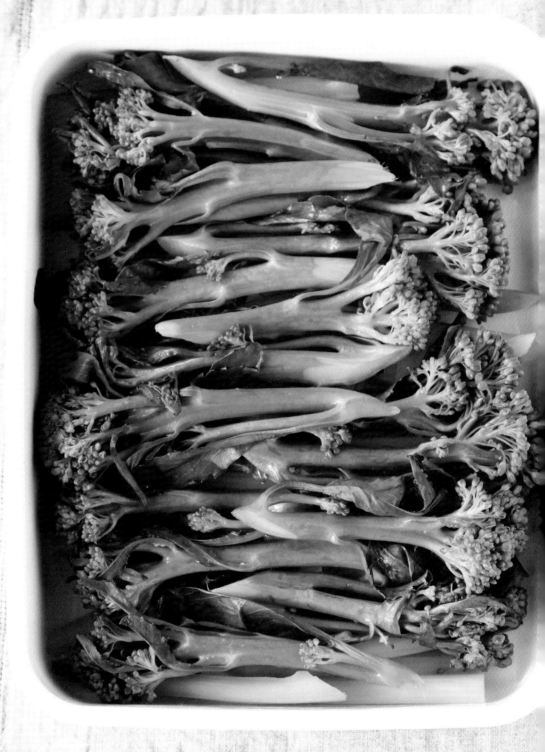

属于冬季蔬菜的青花笋（也称芥蓝花），是我最爱吃的绿色蔬菜之一，鲜脆细嫩的茎部非常美味。去市场只要看到我就会买上一大把，回来简单焯水再冷藏保存，吃的时候再把它做成各种口味。这道食谱的本意，是以最简单的方式先将食材做"预处理"后备用保存，注意预处理时的调味尽量简单，之后就可快速以不同的调味方式做成风味各异的菜肴，以此为常备菜变化口味。下面就来介绍如何处理青花笋，并分享三道油盐烫青花笋的简易变化菜式。

请记得：青花笋焯水后务必将水沥干并放凉，这样才能保持颜色鲜绿。

油盐烫青花笋 + 3 道变化菜式

材料

青花笋（或芥蓝花）…500g
橄榄油…1 大匙
盐…1 小匙

做法

1 青花笋洗净沥干，用削皮刀将茎上粗硬的外皮削去，保留鲜嫩的茎部和叶，切成适当长度。

2 烧一锅水，待水沸腾后加入橄榄油和盐，再把切好的青花笋放入锅中。

3 焯水约 1 分钟半立刻捞起，放至网架上沥干水分，冷却后放入保存盒内，密封冷藏保存。

保存时间｜密封冷藏状态下，可保存 3～4 天。

加入鲜味十足的虾酱拌炒成香辣泰式风味，开胃又下饭。

虾酱青花笋

材料

油盐烫青花笋…半份
虾酱…1 大匙
蒜片及干辣椒末…各少许
米糠油…1 大匙

做法

1 将青花笋切成小段，大蒜及干辣椒切成细末。

2 将油加入锅中以中大火加热，加入蒜片及干辣椒炒香。

3 放入虾酱快速拌炒出香味。

4 放入青花笋拌炒，让虾酱均匀裹在青花笋上，约 1 分钟后即可起锅。

用青花笋煮一锅简单美味的汤品，

蛋花细嫩，蔬菜清脆。

青花笋蛋花汤

材料

油盐烫青花笋（取嫩尖）…适量
海带柴鱼高汤…2 杯
鸡蛋…1 个
盐…少许

做法

1 将高汤放于小锅中加热；鸡蛋打成蛋
  液，以少许盐调味。

2 沸腾后，倒入蛋液煮成细嫩的蛋花。

3 再放入青花笋略煮，最后以盐调味。

以简单纯粹的橄榄油海盐沾酱，

带出青花笋最鲜甜的蔬食原味。

青花笋沙拉

材料

油盐烫青花笋…适量
海盐…1 小匙
橄榄油…1 大匙

做法

1 将青花笋切成小段，摆到小盘上。

2 橄榄油与海盐混合当作沾酱，即可上
  桌。

南瓜以往在我们家不是很常见，因为我本来并不是很爱吃，也不想尝试将它入菜；直到去年，朋友送了我一堆小巧的栗南瓜，我想尽办法想要吃掉它们，这才开始爱上南瓜的美味。不论用什么方法做南瓜，第一步几乎都是要将南瓜蒸熟或烤熟，偶然发现某次我用清酒水蒸煮出来的南瓜，吃起来格外清甜，从此我便爱上了用这种方法处理南瓜。

这道食谱的本意，是以最简单的方式先将食材做"预处理"后备用保存，注意预处理时的调味尽量简单，之后就可快速以不同的调味方式做成风味各异的菜肴，以此为常备菜变化口味。下面就来介绍如何处理栗南瓜，并分享三道酒蒸栗南瓜的简易变化菜式。

酒蒸栗南瓜 +3 道变化菜式

材料
迷你型栗南瓜…1 个（或一般南瓜约 1kg）
清酒（或米酒）…100mL
水…900mL

做法
1 将栗南瓜表皮刷洗干净，擦去水分；剖半挖去籽，连同皮一起分切成大约 3～4cm 见方的小块。
2 将南瓜排在蒸笼内，放在加入清酒及水的锅子上，加盖以大火蒸约 8～10 分钟。
3 取出冷却后放入保存盒中，冷藏备用。

保存时间 | 密封冷藏状态下，可保存 4～5 天。

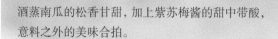

酒蒸南瓜的松香甘甜，加上紫苏梅酱的甜中带酸，
意料之外的美味合拍。

梅酱拌南瓜

材料
酒蒸栗南瓜…约半分量
紫苏梅酱…约 1 ～ 2 大匙
紫苏梅…少许

做法
1 栗南瓜切成小块，紫苏梅也切成小块。

2 将南瓜与紫苏梅酱拌匀，并用紫苏梅点缀即完成。

加入咸蛋一起快速拌炒，

与南瓜结合成咸香浓郁的好滋味。

金沙栗南瓜

材料

酒蒸栗南瓜…约半份

咸蛋…1 个

葱丝…适量

米糠油…1 大匙

做法

1 咸蛋去壳后，将蛋黄及蛋白分开，分
别切碎。

2 将油加入锅中以中大火加热，放入咸
蛋黄炒至起泡。

3 放入南瓜一起拌炒，让南瓜均匀裹上
金沙般的蛋黄，再加入咸蛋白碎。

4 盛盘后点缀些许葱丝即可。

用简单暖心的焗烤料理，

好好品尝南瓜的松软美味。

焗烤栗南瓜

材料

酒蒸栗南瓜…适量

焗烤用干酪丝…适量

盐＆胡椒…各少许

做法

1 将栗南瓜放入烤皿中，以盐和胡椒稍
稍调味。

2 铺上满满的干酪丝，放入预热至180℃
的烤箱里烤约 15 分钟。

3 烤至干酪融化，表面呈微微焦色即可。

市场里常见的四季豆，也是我家餐桌上的常客。我习惯买回来立刻处理，用柴鱼酱油高汤轻煮过，再冷藏入味。这样只要取出拌上酱料就随时可以食用，也方便在菜色上变化，缩短料理的时间，而且浸渍了高汤风味的四季豆，吃来更有滋味。

这道食谱的本意，是以最简单的方式先将食材做"预处理"后备用保存，注意预处理时的调味尽量简单，之后就可快速以不同的调味方式做成风味各异的菜肴，以此为常备菜变化口味。下面就来介绍如何处理四季豆，并分享三道高汤煮四季豆的简易变化菜式。

高汤煮四季豆 + 3道变化菜式

材料

四季豆…1把（约300g）
酱油…1小匙
海带柴鱼高汤…1～2杯

做法

1 将四季豆洗净，稍稍剪去头尾部分，并尽量剥除豆筋。

2 取一宽底浅锅（可以让四季豆平铺的宽度），加入海带柴鱼高汤煮至沸腾。

3 加入1小匙酱油混匀，放入四季豆轻烫约1分钟半，或至四季豆变成翠绿色立刻关火。

4 连煮汁一起移入保存皿中，待凉后密封冷藏。

保存时间 | 密封冷藏状态下，可保存4～5天。

可以快速完成的清淡高雅凉拌菜，享受四季豆的爽脆口感。

柴鱼四季豆沙拉

材料

四季豆…半份

高汤…1 ～ 2 大匙

柴鱼片…1 小把

做法

1 将四季豆切成适当大小，放入小碟中。

2 淋上少许柴鱼酱油高汤，撒上一大把柴鱼片即可。

利用培根的鲜香增添四季豆的滋味，刷上蜂蜜更提升风味，而且好看又好吃。

培根四季豆卷

材料

高汤煮四季豆…约8～10支
市售培根…5～6片
蜂蜜…适量

做法

1 将烤箱预热至170℃，四季豆切成与培根同宽的长度。

2 把4～5根切段的四季豆放在培根片上，用培根把四季豆卷起，以牙签固定。

3 培根卷全部做好后放置于烤盘上，在培根表面刷上些许蜂蜜。

4 放入预热好的烤箱，烤5～8分钟即完成。

加上糖一起拌炒，咸咸甜甜、充满酱香，是凯伦餐桌上的四季豆经典料理。

焦糖四季豆

材料

高汤煮四季豆…约150g
白酱油…½ 小匙
糖…1 小匙
蒜末…少许
橄榄油…½ 大匙
白芝麻…适量

做法

1 将四季豆沥干水分，切成适当大小。

2 锅里加入橄榄油热锅，放入蒜末炒香后，再加入四季豆一起拌炒。

3 炒至蒜末略上焦色时，在锅内撒上砂糖，让糖慢慢加热呈焦糖状，再和四季豆一起拌匀。

4 最后淋上白酱油翻炒即完成，上桌时撒上些许白芝麻添味。

记得搬来台南后首次在这过年，我去市场采买年货的时候，才从菜市的阿姨口中得知，原来南部的长年菜，指的不是苦苦的芥菜，而是菠菜。我们仍然记着买菠菜时卖菜阿姨的叮咛，"菠菜的根很有营养，要整株连根吃喔～"从那之后，我就养成了将菠菜连根整株入菜的习惯。

将菠菜焯水后拧干，以高汤或盐略微调味，是日式凉拌菜里常见的吃法。这道食谱的本意，是以最简单的方式先将食材做"预处理"后备用保存，注意预处理时的调味尽量简单，之后就可快速以不同的调味方式做成风味各异的菜肴，以此为常备菜变化口味。下面就来介绍如何处理菠菜，并分享三道盐曲菠菜的简易变化菜式。

盐曲菠菜 + 3 道变化菜式

材料

菠菜⋯1 把（约 250g）
盐曲⋯½ 大匙
海带柴鱼高汤⋯1 大匙

做法

1 将菠菜根部表面的砂土清除，再将整株菠菜泡于流动的清水中清洗干净。

2 取一可加热的大浅底平盘或浅锅，烧一锅热水。

3 水滚后，手拿菠菜叶，将菠菜的根茎先浸入水中烫 30 秒，再将叶子部分也浸入烫 20 ～ 30 秒。

4 焯完水立刻捞起，沥干，再用干净的手尽可能地拧干水分。

5 放到保存盒内，淋上盐曲及高汤，密封冷藏。

保存时间 | 密封冷藏状态下，可保存约 3 天。

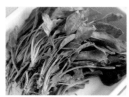

使用盐曲菠菜来煮意大利面。添加了培根和奶酪，简单搭配就很丰盛豪华。

菠菜培根奶酪面

材料

盐曲菠菜…适量
培根…2 ～ 3 片
蓝纹奶酪…30g
干燥意大利面…200g（约 2 人份）

做法

1 烧一锅热水，水滚后倒入少许橄榄油和盐，放入意大利面。约煮 11
  分钟，至面条弹牙。

2 同时将菠菜和培根切碎，奶酪掰成小块。面条煮好后沥干水分。

3 加热平底锅，将培根放入锅中炒香，加入面条拌炒，最后将菠菜和
  奶酪倒入拌匀。

4 奶酪融化即完成。

肉豆蔻的香气和菠菜很搭，再洒上奶酪丝焗烤，味道温暖香浓。

焗烤菠菜

材料

盐曲菠菜…适量
披萨奶酪丝…适量
肉豆蔻粉…少许

做法

1 烤箱预热至 180℃。

2 将菠菜切成小段，放在小烤盘上，上面撒上奶酪丝，并撒上一些肉豆蔻粉调味。

3 放入烤箱烤 8 ～ 10 分钟，或是奶酪熔化略焦即可。

在盐曲菠菜中添加大蒜和芝麻做成韩式风味的凉拌菜，味道清新爽口。

韩式凉拌菜菜

材料

盐曲菠菜…半份（约 150g）
大蒜…3 ～ 4 瓣
白芝麻油…1 大匙
白芝麻…少许

做法

1 将盐曲菠菜切成小段，蒜磨成蒜泥。

2 把盐曲菠菜与蒜泥一起拌匀，淋上白芝麻油。

3 盛盘，撒上白芝麻添色添味。

我很爱吃白花椰菜，尤其爱吃淋上很多橄榄油后烤得焦香的花椰菜。之前在日本食谱上看到这个拿整颗白花椰菜烤的食谱，眼睛都亮了，于是我立刻动手试做了一次，果真好吃。朋友来家里聚餐，我也准备了这道菜招待。只要前一天先准备好，当天放进烤箱烤就行了，相当方便省事。整颗花椰菜端上桌时，大家都惊呼连连～这道烤出来像菠萝面包一样可爱的咖喱酸奶白花椰菜，很推荐大家试试看喔！

食谱参考自坂田阿希子小姐的《极品腌菜》一书，我重新调整为自家喜爱的口味和做法。

咖喱酸奶白花椰菜

材料

白花椰菜…1 颗
无糖酸奶…100g
橄榄油…1 大匙
咖喱粉…2 小匙
红椒粉…1 小匙
盐…1½ 小匙
白葡萄酒醋…1 小匙
蒜泥…适量

做法

1 选择新鲜、花球紧实的小型白花椰菜一颗，在流动的水下将花球之间的杂质彻底洗净。

2 将白花椰菜的茎从靠近花球底端的地方切短。准备一壶热水，将白花椰菜放入大钵内，倒入热水快速焯一下，约 1 分钟后将白花椰菜取出，大略拭干水分。

3 把所有的腌料（酸奶、橄榄油、白葡萄酒醋、咖喱粉、红椒粉、盐、蒜泥）混合，均匀地涂在白花椰菜的花球表面，以保鲜袋或保鲜膜包好，放入冰箱保存。约需一晚以上使其入味，可保存 4 天。

4 食用前自冰箱内取出，直接（不需刮除表面腌料）送入预热至 200℃的烤箱烤约 35 分钟即可食用。

保存时间 | 密封冷藏状态下，可保存约 4 天（未加热的生鲜状态下）。

自从两年前第一次接触到盐曲这种调味料，我就再也不能没有它了。不论是购买还是自制，家里时时都囤着货，深怕用完来不及补货！盐曲是种很神奇的调味料，它经过米曲的发酵过程，转化了盐的咸味，风味变得带着丝丝甘美，用它来浅腌食材，还可以让食材有更甘醇的风味，真的很迷人。

我会把鲑鱼和喜欢的蔬菜分别用盐曲和清酒腌渍存放，要吃的时候，只要拿出来加工一下就可以了，配上一碗白饭、一杯味噌汤，方便又丰盛。我自己试过用蒸的、烤的、煎的方法来处理，怎样都好吃。其中使用不粘平底锅干煎，是可以同时兼顾快速和美味的做法！

盐曲鲑鱼与蔬菜

材料

鲑鱼切片…3 片（每片约 100g）
胡萝卜…1 条
绿芦笋…5～6 支
花椰菜…半颗
盐曲…2 大匙
清酒…3 大匙
橄榄油…少许
白芝麻油…少许

做法

1 将胡萝卜切成粗长条，绿芦笋切段，白花椰菜切小块，三种食材切的大小尽量一致。

2 鲑鱼表面洗净再以干净纸巾拭干。

3 将盐曲和清酒混合，分成两份，分别倒入密封袋中，其中一个密封袋放入蔬菜，另一个放入鲑鱼。

4 尽量挤出袋中空气后，密封冷藏保存。约需 1 天入味，可保存 2～3 天。

5 食用前自冰箱取出；不粘平底锅里抹上薄薄一层橄榄油，将蔬菜放入锅内煎炒，倒入少许水加盖蒸煮至熟，取出蔬菜，重新加入少许油，再将鲑鱼放入，两面干煎至全熟。

6 上桌时，淋上些许白芝麻油和白芝麻添味装饰。

保存时间 | 密封冷藏状态下，可保存 2～3 天（未加热的生鲜状态下）。

开始做常备菜之后,"高汤"也成为我每周必备的常备菜色之一。在自己熬的高汤里,充满了食物的原本味道,于是味觉被养得越来越刁,熬汤变成了习惯,我也不再使用鸡汤块了。这里分享我在家经常做的两款高汤基本配方,趁着制作其他常备菜的空档,每次制作1升左右的分量,装在耐热的玻璃瓶内冷藏保存,随时取用相当方便;不管是要煮汤、煮火锅、做日式煮物,还是简单炒个菜,都可以快速为食材添加鲜美滋味。

海带柴鱼高汤&鸡高汤

海带柴鱼高汤

材料

海带…10g
柴鱼片…10g
清水…1000mL

做法

1 将海带表面轻轻擦拭干净,放入锅中,倒入 1000mL 水浸泡;最短浸泡 2 小时,隔夜最佳。

2 浸泡完毕,将锅放在炉火上小火加热,直至汤汁快要沸腾的时候将海带取出。

3 将柴鱼片撒入锅中,等到汤汁煮沸立即关火。

4 将汤汁以滤布过滤,彻底过滤掉杂质,即得金黄色高汤。

鸡高汤

材料

带骨鸡肉…500g（可选择鸡翅或便宜的带肉鸡胸骨架）
葱…1 支
姜片…数片
洋葱…半个（也可加入其他喜欢的蔬菜）
清水…1200mL

做法

1 将鸡肉洗净后焯水,洗去表面的杂质。

2 所有材料放入炖锅内,先以中火煮至微滚,捞除杂质后,转小火并盖上锅盖,煮 50 ～ 60 分钟。

3 汤汁舀出过滤即完成。

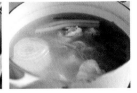

厨房 & 生活

我爱厨房。

目前在使用的这个厨房，是我人生里第一个自己动手规划、为我的习惯和需求量身打造的厨房。从开始的规划到现在的日日使用，我对它的爱一天天地加深。新的一天，从走进厨房烧一壶热水开始，它陪伴着我准备一天三餐、制作常备菜、练习冲咖啡、尝试做点心……今年我甚至还挑战了自酿水果酒呢！这里，是我专属的梦幻游园地。

这个厨房，有着我所喜爱的风格及许多小细节，其中它的"开放式设计"是让我每天悠游其中不想离开、越来越热爱厨艺的最大功臣。使厨房与家中其他起居空间连为一体，当我在里面制作美食的时候，也可以和在起居室里聊天玩乐的家人朋友们一起轻松交流，不会有被关起来的感觉。我特别喜爱从厨房望向餐厅的方向。大家聚集在餐桌旁愉快谈笑，那画面总是让我特别满足。来家里的女朋友们也很喜爱环绕着我的中岛陪着我在厨房做菜，我们一边聊着关于饮食的点滴，一边分享着彼此的私房菜和制作小技巧。厨房成为了我们生活里活动的中心，聚集了美味和笑语，是我在家中最钟爱的一隅。

另外这个厨房的"开放"，还有另一层意义：开放式的收纳。我用大量的层架代替柜子来摆放展示喜爱的杂货器具，让它们成为厨房里的美丽风景，并且可以随时取用。做菜时被喜爱的杂货包围着，真的很幸福～而且随着日日摆放物品的不同，这个空间也时时发生着变化，带来了浓浓的生活感。这样的厨房，让我忍不住打心眼里喜欢。

每天当我走进厨房准备做晚餐之际，看着清爽干净的流理台、喜爱的锅具小物在午后的霭霭日光里暖暖发光，总能真切地感受到幸福。
这就是我最喜欢的，我的厨房。

入味 常备菜

有些常备菜，
做好之后需要点时间才更入味；
于是刚好可以利用保存的时间，
让菜肴变得更美味，
这也是常备菜让人喜爱的魔法之一。

小黄瓜是我最喜爱也最常用来凉拌的蔬菜，清脆爽口，适合做成很多口味。尤其夏天，这几种风味的凉拌小黄瓜，会经常轮流在我们家的餐桌上出现！除了这里介绍的三种口味之外，小黄瓜还很适合做成白葡萄酒醋渍、甘醋渍、泡菜渍等不同的口味，再加上变换切法带来的不同口感，虽然做法都很简单，味道却丰富多变！

三味小黄瓜

材料

小黄瓜…6 条（3 种口味各 2 条的分量）
盐…2 小匙
三种调味料：
　A. 味噌姜丝口味：白味噌 1 大匙、味醂 1 大匙、嫩姜丝 10g
　B. 椒麻口味：椒麻酱 1 大匙、白酱油 1 大匙、红辣椒丝少许
　C. 盐曲口味：日式盐曲酱 1 大匙

做法

1 将小黄瓜洗净，切除两端蒂头，依个人喜好切成细丝、块状或薄片。

2 切好的小黄瓜上撒上盐，用手将盐抓匀，静置 30 分钟待其出水。

3 以清水冲洗，彻底去除盐分，再轻轻用手将水分挤干。

4 小黄瓜分别与 A ／ B ／ C 三种调味料混合拌匀，放入干净的密封袋中，挤出空气封好，让调味料与小黄瓜充分混合。

5 放入冰箱，约半日后即入味可食用。

> 保存时间 | 密封冷藏状态下，可保存 3 ～ 4 天。

柚子胡椒是我家必备的调味料之一，自从多年前第一次因好奇试了一次便爱上了它。它的主要成份是日本柚子、青辣椒和盐，入口颇辣，却又带着柚子香，辣得很高雅。我家最平常的用法就是用它做为沾酱，吃日式火锅时将它和酸桔醋酱汁一起混合，沾食蔬菜和涮肉都非常好吃；也适合拿它配煎得焦香的牛排、烤得皮脆多汁的鸡腿，配上煎豆腐更是极美味组合。我也喜欢拿它来入菜，这道柚子胡椒味噌渍白萝卜是我家的经典渍物，加上了味噌，味道浓郁。我非常喜欢它淡淡的柚香和微辣又醇润的味道。

这里使用的是一般的白萝卜，若有机会，请试试用初冬之际出产的白玉萝卜来做，这种个头娇小肉质细致的萝卜做起来会更好吃！

柚子胡椒渍白萝卜

材料

中型白萝卜…约半个
柚子胡椒…1 小匙
味醂…1 大匙
白味噌…½ 大匙
糖…½ 小匙

做法

1 将白萝卜厚厚地削去口感粗韧的外皮，直切成四等分，再切成约 5mm 的厚片。

2 撒上一大匙盐（材料分量外），用手将萝卜和盐抓匀，静置 1 小时左右。

3 将所有的腌料（柚子胡椒、味醂、白味噌、糖）混合备用。

4 1 小时后用清水洗去萝卜上的盐分，尽量将萝卜表面上的水分沥干。

5 将萝卜和腌料大致拌匀，放入浅渍钵中以重物压盖，使其快速入味。

6 盖上保鲜膜放入冰箱保存，约半天时间即可入味，放置 1 ～ 2 日味道更好。

保存时间 | 密封冷藏状态下，可保存约 7 天。

"很想吃醉鸡，但又不喜欢花雕酒的味道……"这是我开始自己研究做醉鸡的契机。如果换成其他的酒呢？我忍不住开始"食验"起来，用过红酒（怪怪的）、白酒（不太搭）、梅酒（是还不错但甜了点）……最后用家里常备的清酒和少许高粱酒混合，终于做出了有淡淡酒香又清爽的醉鸡。然后夏日某天，我又临时起意丢了几片柠檬片一起下去泡，没想到香味更棒，而且酒冻里有淡淡的柠檬香，很容易让人一口接一口吃个不停！

这里要提醒：因为绿柠檬的果皮泡久了会带苦味，建议只使用柠檬果肉，或是改用黄柠檬。

夏日柠檬醉鸡腿

材料

去骨鸡腿肉…2 片
锡箔纸…2 张
清酒…1 杯
高粱酒…1 大匙
水…½ 杯
柠檬…3～5 片
枸杞…1 小把
盐…1 小匙
白胡椒粉…1 小匙

做法

1 将无骨鸡腿肉均匀地撒上 1 小匙盐和 2 小匙清酒，按摩一下使其入味。

2 取一张（比鸡腿大的）锡箔纸，鸡皮朝下放至在中间，将鸡腿肉卷成扎实的鸡卷状，再将锡箔纸两端扎紧，注意不要让它散开。

3 将扎好的鸡腿卷放入有深度的皿中，放入蒸笼，用大火蒸约 25 分钟。

4 蒸鸡腿卷的同时，将剩下的清酒、高粱酒、水、枸杞一起放入另一小锅中煮，一煮开即关火。

5 取出蒸好的鸡腿卷，将皿中蒸出来的鸡汁都倒入刚刚煮好的酒汁里。

6 撕掉铝箔纸，将鸡腿卷放入酒汁里浸泡，加入 3～5 片柠檬薄片，放入冰箱冷藏入味。

7 约需一天时间入味，时间越长味道会越浓。上桌前可装饰些许葱丝一同食用。

保存时间 | 密封冷藏状态下，可保存约 4 天。

溏心蛋是我博客上的食谱里最受欢迎的一道。它简单易做，人人喜欢。想煮出香滑膏腴的溏心，只要掌握好煮蛋的时间，其实一点也不难。然后放入准备好的渍汁里，让它越保存越入味，是一道周周都想做来吃的美味菜色！

要注意的是，请务必选择新鲜又来源安心的冷藏洗选蛋来做这道料理，制作过程及器具务必消毒干净，并且保存时要特别注意安全卫生。大家要吃得美味也要吃得安心喔！

伍斯特酱渍溏心蛋

材料

新鲜冷藏洗选蛋…5～6个
水…100mL
酱油…2大匙
伍斯特酱汁…3大匙
味醂…2大匙
八角…3个
花椒…1小把（约20颗）

做法

1 将鸡蛋提早30分钟～1小时，从冰箱里拿出来放置在室温下。

2 将100mL的水和所有的调味料、八角、花椒一起放入小锅里煮沸后关火，放凉后滤去八角和花椒备用。

3 以大火烧一锅热水（材料分量外），同时另取一调理钵，放入冰水和冰块备用。

4 水烧开后，放入1小杯（50mL左右即可）冷水，将鸡蛋用汤勺一颗颗放入水里，小心不要敲破蛋壳。

5 鸡蛋全部放入后计时5分半钟（Tips）。在此过程中保持大火继续让水沸腾，并轻轻缓缓地用汤勺搅拌锅中的水，使鸡蛋稍稍翻滚以变换位置，这样蛋黄就可以保持在鸡蛋的中间。

6 5分半钟一到立刻关火。将蛋捞出并放入刚刚准备好的冰水里，让鸡蛋快速降温，中间的蛋黄才不会被余温焖熟。

7 小心地剥去蛋壳和蛋上面的薄膜，和准备好的酱汁一起放入密封袋里。

8 放入冰箱冷藏至少1～2天即可食用。

Tips：5分半钟为我操作起来最容易成功的煮蛋时间。实际煮蛋时间请依照各家炉火的火力来试验调整。

保存时间 | 密封冷藏状态下，最多可保存2天；隔日即食用最佳。

如果一定要从这本书里收录的食谱中选出一道我最喜欢的常备菜，那这道"泰式酸辣渍鲜虾"是毫无疑问的第一名。我最爱吃的虾，加上喜欢的泰式酸辣调味，便组成了这道每次上桌都被抢食一空的美味。做好之后妥善保存，约2～4小时便足够入味。虾膏浓郁，虾肉鲜甜，再配上大量香料和柠檬鱼露组成的爽口风味，引人食欲大开。因为太爱吃，这道常备菜在我家冰箱里经常待不过一天；每回都是午前做好，当天晚上就被先生偷偷拿出来配啤酒，一个晚上就吃光光了！

鲜虾请挑选质量好的无毒白虾，并一定要完全煮熟，吃起来美味也要安心。

泰式酸辣渍鲜虾

材料

白虾（整只带壳）…12 只
橄榄油…2 大匙
米糠油…2 大匙
米醋…2 大匙
柠檬…1 颗
香菜末…2 大匙
大蒜末…2 大匙
姜末…2 大匙
红辣椒末…1 大匙
泰式鱼露…2 大匙
糖…2 小匙

做法

1 将虾放在流动的清水下轻轻地清洗干净后，拭干水分，剪掉虾须。

2 先以刨刀刨下柠檬皮屑，再切半榨出柠檬汁备用。

3 在调理钵里将香菜末、大蒜末、姜末和红辣椒末拌匀，倒入柠檬汁和刨好的柠檬皮、橄榄油，并加入鱼露和糖混合均匀成腌料。

4 平底锅里加入米糠油热锅，再放入白虾拌炒至全熟。

5 关火，淋入米醋和虾一起拌匀。

6 把虾和腌料混合，放入保存盒内，冷却后密封冷藏。

保存时间 | 密封冷藏状态下，可保存 2 天。

第一次吃到芜菁，是在京都吃当地有名的渍物"千枚渍"。它是将京都名产芜菁切成薄片后以辣椒和海带、甜醋腌渍。吃起来爽口的芜菁渍物，让我念念不忘。

这两年终于发现在台湾也买得到芜菁了。长得像小型白萝卜的芜菁，少了萝卜的辛辣，吃来口感更细致。趁着应季的冬天，我买了些来自己尝试做渍物。为了做出怀念的京都滋味，我用了酸香柔和、风味细腻的京都千鸟醋来做甘醋渍，做好后口感柔甜清脆，很是美味。我喜欢在吃了重口味的料理后盛上一小盘，吃起来格外清口适宜！

芜菁甘醋渍

材料

小型芜菁…3 个
千鸟醋…4 大匙
糖…2 大匙

做法

1 将千鸟醋和糖一起混合成甘醋汁备用。芜菁洗净削去外皮。

2 把芜菁切成半月形的薄片状，放入小型保存盒或是浅渍钵中。

3 倒入甘醋汁盖过芜菁，密封冷藏保存。约 1～2 日后入味即可食用。

Tips：若是买到带叶的芜菁，请不要将芜菁叶丢弃。芜菁叶很适合清炒，或是切碎后加上盐腌渍做成雪里红，或是和腊肠一起煮成菜饭，都很好吃！

保存时间 | 密封冷藏状态下，可保存约 1 周。

这是道保存时间不长，但是做起来很简单又超级美味的常备菜。简单到自己都觉得收进食谱里好像有点充版面，但是它的美味度真的无敌，我家每个月都会做一次来解馋（为了健康着想，不能太常做），所以没道理不分享。它的做法很简单，只是将新鲜的蛋黄以酱汁腌渍就可以了。渍过后的蛋黄变成膏状，浓缩了所有美味，只要拿一颗放在热腾腾的白饭上，可以立刻吃掉整碗饭！

特别要注意的是，请务必选择新鲜又来源安心的冷藏洗选蛋来做这道料理，制作过程及器具务必消毒干净，并特别注意保存时的卫生安全。大家要吃得美味也要吃得安心喔！

酱渍蛋黄

材料

新鲜冷藏洗选蛋…4 个
酱油…4 小匙
味醂…2 小匙

做法

1 准备四个干净可密封的小保存容器（或是一个可以容纳四个蛋黄的中型容器也可以）。

2 制作之前再将鸡蛋自冰箱取出，把生蛋黄和蛋白分离，蛋黄分别放入小保存容器中。

3 将酱油和味醂混合，平均加入各个小容器中。

4 轻轻晃动蛋黄，让蛋黄表面都沾到酱汁；盖上密封盖，立刻放入冰箱冷藏保存。

保存时间 | 密封冷藏状态下，最多可保存 2 天；隔日食用最佳。

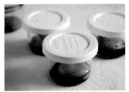

金针菇渍是很受欢迎的一道下饭小菜，也是先生最爱吃的菌类料理。超市里有罐头制品，不过自己动手做，不加任何添加物，美味又安心；而且实际尝试后才知道，做起来其实很简单！我喜欢加了海带的风味，你也可以加入切丝的香菇或是其他菌类一起烹调，做出有自己风味的金针菇渍！

　　若是手边没有海带丝，可以用等量的海带片代替，将海带泡软后切细即可；或是省略海带，将酱油替换为日式海带酱油增添风味。最后，推荐在吃的时候撒上一些七味辣椒粉，它们的味道很搭！

和风海带酱汁金针菇渍

材料

市售金针菇…2 包（约 350 ~ 400g）

海带丝…5g

酱油…60mL

味醂…40mL

清酒…80mL

水…100mL

砂糖…½ 大匙

做法

1 海带丝放在 100mL 的清水里浸泡 30 分钟，汤汁保留，将海带丝捞出剪成小段。

2 将金针菇切去根部，彻底漂水洗净沥干。

3 锅里加入泡海带丝的汤汁、味醂、清酒，与海带丝一起煮至沸腾。

4 加入金针菇、砂糖、酱油，一边煮一边用筷子拌炒，煮至差不多只剩一点点汤汁即可。

5 趁热装进干净的保存容器内，盖紧放凉，收入冰箱保存。

保存时间 | 密封冷藏状态下，可保存约 1 周。

日本料理中很常见的甘醋渍萝卜，是道酸甜爽口的清口菜。我喜欢在做甘醋渍的时候，偷偷加几颗酸梅进去一起渍，酸甜中带着梅子风味，这是我最喜欢的味道。某次我随手拿了樱桃萝卜来做这道小菜，惊喜地发现在腌渍2～3天后，樱桃萝卜居然变身成华丽的粉红色，美丽又美味，一起用餐的家人朋友都很喜欢。从此之后，樱桃萝卜的梅香甘醋渍，就成为我家经常出现的常备菜了。

做甘醋渍料理时，我喜欢使用酸味较自然的天然米醋。先将甘醋汁混合加热，不但可以让醋汁的风味更融合，也可以让酸味更柔和。若不方便取得樱桃萝卜，也可以用同分量的胡萝卜、白萝卜或小黄瓜来代替，这些食材都和甘醋汁很搭。

樱桃萝卜
梅香甘醋渍

材料
樱桃萝卜…约250g
酸梅…3～4颗
砂糖…2大匙
米醋…80mL
水…80mL

做法

1 将砂糖、米醋、水及酸梅一起放入小锅中煮成甘醋汁；以小火煮至快沸腾时关火，放凉。

2 将樱桃萝卜洗净，切成半月形的小块（大小尽量一致，入味程度才容易一致）。

3 撒上一大匙的盐（分量外），和樱桃萝卜一起稍稍搓揉，静置30分钟让食材出水。

4 以净水冲洗樱桃萝卜，将盐分洗掉，并沥干水分。

5 将萝卜和甘醋汁一起放入保存器皿中，密封冷藏保存。约2～3日后入味即可食用。

保存时间 | 密封冷藏状态下，可保存 1 周～ 10 天。

没有微波炉的生活

或许你发现，

这本关于常备菜的书里，没有任何一道菜是使用微波炉制作或是加热的。

原因很单纯，因为我家没有微波炉。

新婚时从婆家拿来了一台微波炉，非常少用又占空间，

加上对微波食物总是不放心，于是趁着这次搬家，就转手送了出去。

从那时起，夜里想喝杯热牛奶得开炉火自己煮，

想热份前天剩下的咖喱当午餐，也得开火慢慢加热。

这样会觉得不方便吗？一点也不会！

用炉火烹煮或加热的时间或许长一些，但趁着加热的时间，

一边轻轻搅拌，一边思考今天想喝哪款巧克力、想用哪个盘子来盛咖喱，然后

一一取出，摆好，再次搅拌，慢慢等待。

因为就是非得等它热好了不可，那么就不疾不徐地进行吧，

那是一种慢工中才能体会的生活余裕。

不会多花很多的时间，但心情上的感觉完全不同。

真的，我一点也不想念有微波炉的生活～＾＾

炖锅 常备菜

炖菜也很适合当作常备菜。

在制作其他常备菜的同时，

让它们花一点时间在炉火上细火慢煮，

煮出一锅锅热呼呼的美味～

所有的炖菜里，我最喜欢的就是萝卜炖牛腩。因为先生爱吃牛肉，所以从结婚后开始，我就学着做各式各样的牛肉，而这一道萝卜炖牛腩是从第一次开始就大受欢迎的菜式。直到现在朋友来我家吃饭，只要端上这道菜，大家立刻抢着吃，不用10分钟就见底。你说，主妇的虚荣心怎能不破表（笑）？

我常选择脂香软嫩的牛腩来炖煮，也可以使用牛小排或是牛腱，风味各有不同。而其实萝卜才是这道菜的亮点：吸饱了牛肉的风味与酱汁的浓郁，实在美味极了！

萝卜炖牛腩

材料

牛腩…800g（约4条）
中型白萝卜…1条
酱油…100mL
味醂…100mL
清酒…200mL
糖…1大匙
葱…3～4支
姜片…3～4片
海带柴鱼高汤…500mL（可以水代替）

做法

1 将牛腩多余的脂肪去除，切成适当大小，焯水后清水冲去杂质。

2 萝卜削去厚皮切成大块，和牛腩、葱、姜片一起放入珐琅铸铁炖锅中。

3 加入高汤、味醂、清酒、糖、酱油，以中火煮至微滚，捞除浮沫。

4 转小火，加盖炖煮25～30分钟；接着关火不掀盖，继续焖至冷却。

5 放入冰箱冷藏保存。食用前请以干净的筷勺取出要吃的分量，放入小锅里加热即可食用。

保存时间 | 密封冷藏状态下，可保存4～5天。

保存时间 | 密封冷藏状态下，可保存 3 天。

上次过年回娘家，妈妈做了这道一夜干炖萝卜当作年菜。萝卜煮得非常入味好吃，让我大为惊讶，原来一夜干不是只可以用来烤，用来做炖物也很美味。这道菜谱材料简单，做起来也简单。煮得软嫩的萝卜本身就可以当作一道小菜，或者用浓郁又爽口的汤汁煮碗汤面线也很不错。

这里我使用的是苏澳产的鲭鱼一夜干（薄盐鲭鱼）。市售的一夜干大小咸度都很不一样，请依据鱼身的大小和盐度，适度的调整分量和盐量。

一夜干炖萝卜

材料

薄盐鲭鱼（鲭鱼一夜干）…1 尾
中型白萝卜…1 个
姜片…适量
葱段…适量
盐…少许

做法

1 鲭鱼的表面和内部以清水冲洗干净，将头尾分别切下后，中段分切成适当大小，白萝卜削去厚皮切成大块。

2 将鲭鱼的头尾和萝卜放入炖锅中，加入姜片和葱段，并倒水盖过食材，以中火煮至汤汁微滚，捞去浮沫后，转小火炖煮 30 分钟。

3 打开锅盖，放入其他的鱼肉，继续加盖炖煮 10 分钟，接着关火焖 10 分钟。

4 最后试味道，以少许盐调味。

5 放入保存容器中密封冷藏保存；放置 1 天之后萝卜会更入味好吃。

6 食用前请以干净的筷勺取出要吃的分量，放入小锅里加热即可食用。

喜欢在冷冷的天气里炖上一锅肉酱，家里都是浓浓的西红柿香气，非常温暖。我家的肉酱全是用牛肉，加上两种不同的西红柿（新鲜西红柿＋市售无调味西红柿罐头）熬煮，还有就是要加很多很多的大蒜。三者组合，就是先生绝对会吃光的无敌肉酱。

很多食谱使用西红柿时会先烫过去皮去籽，但我习惯使用整颗西红柿，不浪费任何部位。如果不喜欢吃到西红柿皮，这里有一个小秘诀：将西红柿切成大块，依食谱步骤炖煮；炖40分钟后就可以把蕃茄皮轻松的用筷子挑起来，再用汤勺把西红柿压成泥就好了。不用费力先烫过去皮或切小丁，效果也相同，但方便多了！

意式蒜香西红柿牛肉酱

材料

牛绞肉⋯600g

新鲜中型西红柿⋯5 个

市售西红柿罐头（无调味）⋯1 罐（约600g）

洋葱⋯1 个

大蒜⋯15 ～ 20 瓣

月桂叶⋯3 片

鸡高汤⋯400mL

橄榄油⋯2 大匙

盐⋯适量

做法

1 先将中型西红柿去蒂切成大块，洋葱和大蒜切成粗末状。

2 珐琅铸铁炖锅里加入橄榄油热锅，再把洋葱末和大蒜末放入拌炒；炒至洋葱变软变透明。

3 放入牛绞肉，一起拌炒到肉表面变色，呈现淡淡褐色。

4 加入新鲜西红柿、西红柿酱汁、鸡高汤、月桂叶，用中火先煮到汤汁沸腾。

5 加盖转小火炖煮。炖至 40 分钟左右时，打开盖子搅拌一下避免糊锅，同时挑出西红柿皮，将还是块状的蕃茄以汤勺略压，再继续炖煮 1 ～ 1.5 小时。

6 以盐调味，即可分装密封保存。

保存时间 | 密封冷藏状态下，可保存约 5 天。也可分装成小袋冷冻保存，约可保存 2 ～ 3 周。

我临时起意地把一道日式炖煮料理做成韩式风味，却出乎意料的美味合拍，这种时候，就是在厨房里玩"食验"的煮妇成就感最高的时刻。加上酸香的韩国泡菜，以及微辣、添色添味的韩国辣椒粉，马上多了一份不同层次的香气和口味，暖暖的颜色也很勾人食欲。

煮马铃薯炖肉时，我爱用的主食材是口感弹牙的猪颈肉，当然你也可以用一般的猪肉片代替，或是使用无骨鸡腿来炖煮，都很美味。

辣泡菜马铃薯炖肉

材料

猪颈肉…300g

小马铃薯…5 个

洋葱…1 个

胡萝卜…1 个

姜片…4 ～ 5 片

红辣椒…1 支

泡菜…50g

韩式辣椒粉…1 大匙

酱油…2 大匙

油膏…1 大匙

味醂…1 大匙

水…1 杯

橄榄油…1½ 大匙

做法

1 将猪颈肉片成稍有厚度的小片状，马铃薯与胡萝卜切大块，洋葱及辣椒切细丝，泡菜切碎。

2 珐琅铸铁炖锅里加入橄榄油热锅，放入姜片及辣椒丝煸炒出香气。

3 放入猪颈肉拌炒，直到肉表面煎上色。

4 放入胡萝卜、马铃薯、洋葱，再加入酱油、味醂、油膏和所有食材一起拌炒均匀。

5 加入水，煮滚后转小火加盖，炖煮 20 ～ 25 分钟。

6 确认马铃薯和胡萝卜已熟透，加入切细的泡菜和辣椒粉，加盖一起煮 5 分钟即可。

7 食用前请以干净的筷勺取出要吃的分量，放入小锅里加热，撒上葱花即可食用。

保存时间 | 密封冷藏状态下，可保存 3 ～ 4 天。

我想大家都同意，隔了一夜的红酒炖牛肉，味道绝对要比刚煮好的更加美味迷人；除了拌饭拌面，还可以跟马铃薯一起烤，或是加上干酪，总之怎么做都好吃。隔夜更美味＋吃法多变化，这道菜当然要立刻收入我的常备菜单中。

红酒炖牛肉这道经典菜色至今出现过的食谱不计其数，可以说每个厨娘都有自己的拿手做法。在"食验"过很多次之后，这里分享的，是我们家餐桌上的最终美味版本。牛腩先要沾过面粉煎香是关键，这样口感香味的层次更美；我还加了自制的油渍小西红柿（P.67），多了份西红柿的酸香，滋味更迷人。

红酒炖牛肉

材料

牛腩条…约 1kg
洋葱…2 个
胡萝卜…3 个
培根…5 片
大蒜…8 ～ 10 瓣
面粉（低筋）…1½ 大匙
红酒…1 瓶
油渍小西红柿…2 大匙
西红柿酱…2 大匙
月桂叶、八角…各 2 ～ 6 枚
盐、黑胡椒…各适量
橄榄油…1 大匙

做法

1 首先来预备材料：洋葱切丝、胡萝卜切成适当的块状、培根和大蒜都切成小块粗末状。

2 将牛腩条切成大块状，均匀撒上盐和胡椒调味，再将面粉撒上，让肉块每一面都沾上面粉。

3 平底锅中加入橄榄油热锅，热好锅后将肉块分批放入，将肉的表面都煎成淡淡焦色；特别注意锅一定要够热，肉不要一次全部放入，不然肉块会无法顺利煎上色，这样就变成煮肉而非煎肉了。

4 将煎好的肉块先取出移到铸铁炖锅内。平底锅不用关火或洗锅，原锅加入培根炒至香脆，取出。

5 再继续加入洋葱、大蒜、胡萝卜，拌炒到洋葱变成光泽微透明状即可。

6 全部材料放入铸铁炖锅中，加入红酒、月桂叶、八角、切碎的油渍小西红柿、西红柿酱，中火煮至汤汁沸腾。

7 整锅（不用加盖），放入预热至150℃的烤箱，烤 90 分钟（我使用的是厚实的珐琅铸铁锅，不同锅具所需的时间不同，请依锅具和烤箱状况调整烘烤时间）。

8 关掉烤箱，连锅一起放在烤箱里冷却后，放入冰箱冷藏保存。

9 食用前请以干净的筷勺取出要吃的分量，放入小锅里加热即可食用。

保存时间 | 密封冷藏状态下，可保存 4 ～ 5 天；也可分装成小袋冷冻保存，可保存 2 ～ 3 周。

煮了一锅红通通的炖鸡，看似很辣，其实一点也不。鲜亮的红色来自新鲜西红柿，空气里飘散的是淡淡咖喱香气。我加入了大量的西红柿，利用天然的蔬菜汤汁，把鸡肉烧炖得鲜美可口。因为这道料理中咖喱只是提味，所以我舍弃了味道重浓的咖喱块而使用咖喱粉，这样咖喱的风味不至于盖过西红柿的鲜甜滋味。

这道菜很适合用来拌饭或拌面，或是加上干酪做成意大利面焗烤。食用前请以干净的筷勺取出要吃的分量，放入小锅里加热即可食用。请不要整锅反复加热，这样营养容易流失，而且口感和风味也会大打折扣！

咖喱风味西红柿炖鸡腿

材料

去骨鸡腿肉…3 只
完全成熟的中型西红柿…8 个
洋葱…1 个
蒜末…2 大匙
姜末…1 大匙
橄榄油…1½ 大匙
印度咖喱粉…2 小匙
红椒粉…1 小匙
盐…1 大匙
清酒…1 大匙
新鲜迷迭香…1 支

做法

1 去骨鸡腿肉切成容易吃的大块状，与咖喱粉、红椒粉、盐、清酒一起抓匀，至少腌30 分钟，如果提前一天准备，可以在冰箱里腌渍一夜，味道会更好。

2 西红柿切成大块状，洋葱薄切成细丝。

3 在有深度的宽底炖锅里，加入橄榄油热锅；放入洋葱和蒜末炒至洋葱呈透明浅褐色。

4 加入西红柿、姜末以及腌好的鸡肉，用筷子略略拌匀，加入 50mL ～ 100mL 的水（避免焦锅用，可以省略），盖上锅盖，以中小火炖煮 20 ～ 25 分钟。

5 打开锅盖，确认鸡肉都已熟透；试试味道，以盐调味。最后撒上迷迭香叶即完成。

保存时间 | 密封冷藏状态下，可保存约 5 天。

餐桌上的聚会

我常常笑称自己是个只会办两人份桌餐的总厨（笑）。真的，平日里做菜已经习惯做两人份餐点的我，不管是分量、时间、流程，都已经了然于心，一切尽在掌握中，准备起来轻轻松松。但若是要一次准备很多人份的餐点，我就忍不住紧张起来。逐一思考怎么摆桌、怎么备料、下锅料理的顺序、该准备的分量……希望可以让每一道菜都美味，也希望每一个人都吃得满足。这对小家庭"煮妇"的我来说，还真是个挑战。

有一次，定期的好友聚会约来了我们家，算了算人数，要准备十人份的晚餐。我思考着，若是都等到当天才准备，势必会手忙脚乱，也没办法和朋友好好地聊天……刚好这时候，正是我的常备菜计划愉快进行之际，于是我决定，就请常备菜来帮忙吧！可以提早1～2天做好的常备菜，再加上当天准备的几道烤箱菜和热汤，轻松优雅地丰盛上菜绝对没问题！于是列好菜单，预先思考每一道菜要使用的器皿，聚会前一天准备好十人份的餐具，做好几道美味的常备菜保存起来，忙得不亦乐乎。

周末下午，阳光正好。好友们三点多带着甜点来到我家，我准备了热茶，大家一起吃吃聊聊好不开心；五点钟，我走进厨房。电饭煲里煮着饭，我拿出前日就做好的萝卜炖牛腩（请参照p.133）和牛肉丸子咖喱，放在炉火上加热；预先洗切调味好的栉瓜、鲑鱼、迷你马铃薯，一起放进烤箱里烘烤；然后煮了一锅热腾腾的白酒煮鱼汤，再把预先烫好的芥蓝花（请参照p.85）快炒一下；最后拿出准备好的凉拌常备菜：梅酱拌南瓜（请参照p.90）、白酒柠檬糖煮地瓜（请参照p.150）、日式梅干柴鱼西红柿沙拉（请参照p.65）、三味小黄瓜（请参照p.111）……用美丽的盘子装盛好，立刻可以上菜。

就这样边做菜边聊着天，不慌不忙地就摆出了满满一桌。摆好餐具，倒满酒杯，六点整，大家开动。没用多少时间，满桌的菜（还有一锅子的饭）几乎被一扫而空；听到大家边吃边说好好吃，这种成就感是对主妇的最好回馈～一晚上酒水不停，笑语不断，狗儿们也尽责地招呼客人，直到喝完晚茶才依依不舍地说再见。

好喜欢，这样快乐相聚的夜晚。

点心 常备菜

利用水果、蜂蜜与其他食材，
制作出香甜又别具风味的常备菜。
无论是作为饭后点心或是午茶、早餐，
都很适合。

这是一道相当受家人朋友欢迎的甜点常备菜。或许有人会说直接烤好的地瓜不用调味就很好吃了啊？我本来也是这样觉得，但是按菜谱的方法处理后，味道真的不一样！先用一些糖将地瓜煮得绵软，再加入白酒和柠檬，让风味慢慢地渗入地瓜中。新鲜柠檬带来了清爽的味觉，而加入些许的白酒是我的小秘技，淡淡的果香和酒香，让地瓜都变得高雅了起来呢！

这里要提醒：因为绿柠檬的果皮泡久了会带一点苦味，如果不喜欢这种味道，建议改用黄柠檬，或是只使用柠檬果肉。但这道地瓜甜点其实很适合用连皮的绿柠檬来做，甜味中带一些些的苦韵，我很喜欢。

白酒柠檬糖煮地瓜

材料

地瓜…3～4个（约350g）

砂糖…3大匙

柠檬薄片…5片（用十字刀切成1/4扇形薄片）

白酒…1小杯（约30mL）

做法

1 将地瓜彻底刷洗干净，连皮一起切成长约4cm～5cm的长方条。

2 将地瓜放入小锅内，撒上糖，再加入清水盖过地瓜。

3 放在炉火上以中小火加热，煮至微滚后转小火，再煮约3～5分钟，或至地瓜煮熟。

4 关火，加入白酒和柠檬片，倒入保存容器中，密封冷藏保存。

5 立即可食，但建议一日之后再食用，滋味更好。

保存时间 | 密封冷藏状态下，可保存4～5天。

前几年在美国姐姐家小住时，我迷上了希腊酸奶（Greek Yogout）。软干酪般的质地，浓浓的酸奶奶香，淋上蜂蜜配无花果或是涂在面包上都好吃。希腊酸奶在台湾不是很易购得，价格也高，但其实在家也可以轻松动手做。只要有手冲咖啡滤杯和滤纸，以及一般市售的无糖酸奶，就可以轻松做出绵密美味的希腊式酸奶！

请选择无添加的无糖酸奶制作。做好的希腊式酸奶，加上自己喜欢的香料或食材，就可以变成各式各样的酸奶抹酱或沾酱，健康美味又方便。这里分享在家制作希腊式酸奶的方式，以及我常做的变化版酸奶抹酱。

蜂蜜薄荷酸奶抹酱

材料
市售原味酸奶…150 ～ 200g
手冲咖啡滤杯…1 个
咖啡滤纸…1 张
蜂蜜…1 大匙
新鲜薄荷叶…8 ～ 10 片

做法
1 准备滤杯和滤纸，底下放一个杯子（接滤出的乳清）。

2 将无糖酸奶倒入滤纸内，上覆一层保鲜膜或盖子，连同底下的杯子一起放入冰箱。

3 约 4 ～ 5 小时后从冰箱内取出，可以发现上方的酸奶滤掉乳清后，已经变为干酪质地的希腊式酸奶，可用它制作各式口味的抹酱和沾酱了。

4 蜂蜜薄荷酸奶抹酱：将做好的希腊式酸奶，与蜂蜜及切碎的新鲜薄荷叶混合即可。

保存时间 | 密封冷藏状态下，可保存 2 ～ 3 天。

第一次知道格兰诺拉这个在国外很红的食品,是在Min(蔡惠民)的《手作裸食》一书里。我家的早餐向来以燕麦片为主,试做了一次之后发现,这个将各种谷麦、坚果、果干,以蜂蜜和植物油等材料混合烘烤的小点心,比单纯的燕麦片好吃太多了!而且它还有着丰富优质的营养,作为早餐和点心都很完美。先生吃过后就爱上了它,于是我几乎是周周都得烤上一盘当存粮!

经过多次的烘焙实验,我发现只要掌握"干料三种类":"湿料三种类"= 5 ～ 6:1的比例,就能轻松做出我所喜欢的风味和口感。我也喜欢常常更换坚果和果干的种类,有时额外加入些巧克力粒,或是我最爱的糖渍橘皮,给这款格兰诺拉的风味带来一些改变!

蜂蜜果粒格兰诺拉

材料

请掌握"干料三种类":"湿料三种类"= 5 ～ 6:1的比例来制作(体积比)

干料 ┌ 大燕麦片…3 杯
　　 ├ 无调味坚果…1 杯,切碎(腰果、杏仁、核桃等)
　　 └ 水果干…1 杯,切碎(蔓越莓干、杏桃干、蓝莓干等)

湿料 ┌ 蜂蜜…2/3 杯
　　 ├ 坚果酱…1/4 杯(栗子酱、花生酱、榛果酱等)
　　 └ 油脂…3 大匙(榛果油、椰子油、橄榄油等,或是黄油)

做法

1 烤箱预热至180℃,取一长形烤皿(约15×25cm),铺上烘焙纸备用。

2 将所有的湿料(蜂蜜、坚果酱、油脂)放入小锅内加热,直到酱料微微沸腾、所有材料都融合在一起。

3 在调理钵内倒入所有的干料(大燕麦片、坚果、果干等),再倒入湿料,充分搅拌。

4 混合好的材料倒入烤皿中,然后用力将材料向下尽量压紧。

5 放入预热好的烤箱中,加热约30 ～ 35分钟。烘烤过程中可以覆盖一层锡箔纸在烤皿上,避免表面烤得过焦。

6 烤好后拿出,连烤皿一起放在网架上放凉;等到彻底放凉后连烘焙纸一起拿出,用刀切成适当大小方便取用(约可切成8 ～ 12份),放入密封保存罐内保存。

7 可直接食用,也可加入牛奶和水果享用。

> 保存时间 | 密封常温状态下,可保存1周～ 10天。

秋天是台湾本地苹果的产季。在市场里寻到了个头娇小可爱的梨山青苹果，嘴馋的我贪心买了一大袋回家，鲜着吃、烤着吃、煮着吃，吃得不亦乐乎。而这吃起来甜中带酸、爽脆可口的青苹果，很适合拿来做红酒渍苹果呢！

我喜欢的做法，是用稀释过的红酒兑上新鲜的橙子汁和柠檬汁，加上糖一起煮得酒香和果香四溢。有一点像西班牙桑格利亚汽酒，不会酒味过重，也更显得清爽。不但渍好的苹果很好吃，剩下的甜甜红酒果汁，加上气泡水也很好喝！

红酒渍苹果

材料

小型青苹果…6 个
（或是一般中型青苹果 3 个）
红酒…250mL
水…300mL
糖…2½ 大匙
橙子…1 个
现挤柠檬汁…1 个份
现挤橙子汁…1 个份

做法

1 将苹果削皮，橙子去皮厚切成小块，放入大小适中的煮锅中，撒上糖，先静置 30 分钟（小苹果不须分切，保持整个即可；中型苹果对切）。

2 将红酒、水、果汁加入放苹果的锅中，开火熬煮；先以中火煮至汤汁微微沸腾，再转小火继续煮约 20 分钟。

3 熬煮过程中不时翻动一下苹果，让苹果可以均匀地与红酒果汁接触。

4 将苹果和煮好的红酒果汁一起趁热装入保存罐里，盖上盖子。稍稍放冷后放入冰箱保存。

保存时间 | 密封冷藏状态下，可保存约 2 周。

朋友都很喜欢我做的渍小西红柿，常常会问我有什么秘诀。我从不隐藏我的小秘诀：那就是加入梅酒。加了梅酒的蜂蜜渍小西红柿，香甜中带着一丝酒香，风味变得更醇厚。"是成人风味的小西红柿喔！"我笑说。你也可以尝试加入各种不同种类的水果酒，以增添不同风味。

另外请注意：小西红柿在去皮时，不要泡热水太久，否则口感变得太软就没那么好吃了！

蜂蜜梅酒渍小西红柿

材料

小西红柿…约350g
梅酒…1 小杯（约20 ～ 30mL）
蜂蜜…2 大匙
酸梅…3 ～ 4 颗
水…120mL

做法

1 将蜂蜜、酸梅以及水先混合均匀备用。

2 将小西红柿去皮。在小西红柿的底部浅划十字，准备一锅开水和一锅冰水，先将小西红柿丢入热水里静置2 分钟左右，再捞出放入冰水里静置2 分钟，从划十字的开口处将皮撕掉。

3 将去皮后的小西红柿放入保存器皿中，倒入蜂蜜酸梅汁直至盖过所有小西红柿，再加入梅酒。

4 密封冷藏保存。等待1 ～ 2 天后入味更好吃。

保存时间 | 密封冷藏状态下，可保存5 ～ 7 天。

南台湾的夏天总是特别长。日头炎炎的日子，每每由外返家，我总是喜欢喝上一大杯冰冰凉凉的气泡水来消暑降温，尤其喜爱加上些糖渍蜂蜜柠檬片，酸酸甜甜又补充维生素。等到天气冷了，就拿它加入热热的红茶里，酸甜茶香，是我每天早上醒神的良方！于是家里冰箱总是贮着一罐罐的糖渍蜂蜜柠檬，保持着不断粮的状态。

　　这里要提醒：因为绿柠檬的果皮泡久了会带苦味，如果不爱这种味道，建议选用黄柠檬。

糖渍蜂蜜柠檬

材料

（使用 WECK 975 保存罐，1 瓶的分量）

柠檬…3 个

糖…120g

蜂蜜…2 ～ 4 大匙

做法

1 将保存罐洗净消毒，彻底拭干水分备用。

2 三颗柠檬洗净并拭干外皮上的水分，将其中两个半切成薄片，剩下的半个榨成柠檬汁。

3 以每放一片柠檬就洒上一小匙糖的方式，将柠檬一层层叠放在瓶中。

4 全部的柠檬薄片和糖都放入瓶中后，加入柠檬汁，再加入蜂蜜至盖过全部的柠檬片。

5 盖上盖子密封，冷藏约 2 日后可使用。

保存时间 | 密封冷藏状态下，可保存 2 ～ 3 周。

我爱冬日里的草莓。最爱台湾的大湖草莓，个头娇小味道醇厚，酸酸甜甜，满是浓浓草莓香。我喜欢拿新鲜草莓沾甜酱吃，炼乳、巧克力酱、洒点糖的意大利黑醋，都和草莓是绝配。若是一次买得多吃不完，就拿来煮成草莓果酱，或是做成这道"酒糖酿草莓"。

这道酒糖酿草莓是草莓果酱的速简版本：不用开火熬煮，只要把草莓和糖、柠檬、酒拌匀，密封冷藏，静待半日，就能完成这一道好吃的水果甜品，真的很简单。直接吃味道就很好，也很适合加在酸奶或冰淇淋上，或配奶油松饼一起吃，或拌个香甜的草莓沙拉……这些都是我很爱的吃法。

酒糖酿草莓

材料

新鲜草莓…约300g
糖…50g
柠檬…1 个
酒（伏特加）…30 ~ 50mL

做法

1 轻轻地将草莓洗干净，拭去表面的水分，铺在网篮上，尽可能晾干去除水气。

2 将草莓去蒂切半，洒上糖拌匀，腌渍约 30 分钟。

3 用刨刀将柠檬皮丝削下（不要削到白色部份），柠檬榨汁备用。

4 草莓里加入酒和柠檬汁，再撒入柠檬皮丝拌匀，装入密封瓶内，冷藏密封保存。

5 约半日后入味即可食用。

保存时间 | 密封冷藏状态下，可保存约 3 天。

咖啡时光

喜欢这样的一个周末午后。

把早晨从菜市场采买回来的时鲜，一一整理分装好；一周份的常备菜也已经大致完成，等着它们在干净发亮的流理台上放凉。午餐的碗盘已经洗好，我把厨房收拾干净，然后提起一壶水，放在炉火上慢慢烧着。主妇工作暂告一段落，现在开始，是"凯伦咖啡馆"时间。

先生和我都喜欢在家喝咖啡。家，集合了一切我们喜爱的对象，还有满满的温暖和爱，有什么地方可以比这里更让我们放松自在呢？于是我们的"凯伦咖啡馆"，就这样不定时地在家里开张了。

炉火上的水正咕咕响着，我选好了豆子，放入磨豆机里快速磨好，咖啡香立刻弥漫在整个房间。我拿出了Chemex的经典咖啡壶，放好滤纸，用热水过一下，再放入磨好的咖啡粉；把烧开的热水倒进Kalita的手冲壶中，等待着最适合的温度，提起，灌冲，慢慢地，冲出一壶琥珀色的透明。

每一次手冲都是美味的练习。整个过程，是一场香气弥漫的舒心仪式。

然后挑选好喜爱的杯盘，摆出简单的甜点。可以只是片苦甜巧克力，也可以是刚刚顺路在早午餐店买的美味可颂，我们一起坐在长桌前，就着午后金黄色的日光，怀抱着小毛狗，一边听着音乐看着书，一边闲聊着下半日的计划；房间里回旋着Ann Sally的歌声，悠悠温柔地唱着。突然一阵的吱吱喳喳，让我从书中抬起头来：阳台上有美丽的绿绣眼来访，伫足在我家的白色铁窗上，清脆唱着歌。

在准备晚餐前，一段美好的咖啡时光。

对坐，举箸，开动。
带着满满诚心做好的饭菜，
是餐桌上最美好的分享 & 交流。

图书在版编目（ＣＩＰ）数据

常备菜 / 许凯伦著. –– 北京：中国民族摄影艺术
出版社, 2017.9
　　ISBN 978-7-5122-1012-7

　　Ⅰ.①常… Ⅱ.①许… Ⅲ.①家常菜肴－菜谱 Ⅳ.
①TS972.127

中国版本图书馆CIP数据核字（2017）第159632号

TITLE： ［常备菜］
BY： ［許凱倫］
本书由野人文化有限公司正式授权

本书由野人文化有限公司授权北京书中缘图书有限公司出品并由中国民族摄影艺术出版社在
中国范围内独家出版本书中文简体字版本。
著作权合同登记号：01-2017-2874

策划制作：北京书锦缘咨询有限公司（www.booklink.com.cn）
总 策 划：陈　庆
策　　划：邵嘉瑜
设计制作：王　青

书　　名：常备菜
作　　者：许凯伦
责　　编：陈　溪　张　璞
出　　版：中国民族摄影艺术出版社
地　　址：北京东城区和平里北街14号（100013）
发　　行：010-64211754 84250639 64906396
印　　刷：北京美图印务有限公司
开　　本：1/16　787mm×1092mm
印　　张：10.5
字　　数：131千字
版　　次：2017年9月第1版第1次印刷
ISBN 978-7-5122-1012-7
定　　价：68.00元

玩味
COOK FUN
玩賞美味生活